Maria da Piedade Resende da Costa

MATEMÁTICA PARA O ALUNO COM DEFICIÊNCIA INTELECTUAL

5ª Edição

CIP-BRASIL. CATALOGAÇÃO-NA-FONTE
SINDICATO NACIONAL DOS EDITORES DE LIVROS, RJ

C874m

Costa, Maria da Piedade Resende da
Matemática para o aluno com deficiência intelectual / Maria da Piedade Resende da Costa. 5ª ed- São Paulo : Edicon, 2018. 160p. : 21 cm

Inclui bibliografia
Índice
ISBN 978-85-290-0816-5

1. Incapacidade intelectual. 2. Deficientes - Educação. 3. Alfabetização matemática. 4. Diferenças individuais. 5. Educação inclusiva. I. título.

11-1660.   CDD: 371.9
                           CDU: 376

CAPA: Soraia Ljubtschenko Motta
CONTATO COM A AUTORA: piedade@ufscar.br

EDICON
Editora e Consultoria Ltda EPP
(11) 3255 1002 • 3255 9822
Rua Gama Cerqueira, 87 Cambuci
CEP 01539-010 São Paulo/SP
www.edicon.com.br

AGRADECIMENTOS

À professora Dra. Lúcia Eneida Seixas Prado de Almeida Ferraz pelo apoio, orientação e confiança demonstrada em nosso trabalho; aos professores Dra. Carolina Martuscelli Bori (in memoriam) e Dr. Isaias Pessotti pelas valiosas sugestões que nos foram dadas; e aos alunos que participaram da pesquisa, pela colaboração imprescindível.

SUMÁRIO

Apresentação 9

Prefácio 11

1. Fundamentos Matemáticos e Cognitivos para o Ensino de Matemática para Deficientes Intelectuais 19

2. Materiais Instrucionais 41

3. Um Procedimento para o Ensino da Matemática para o Deficiente Intelectual: Programação Individualizada 65

4. O Programa de Ensino 71

5. Procedimento para Aplicação do Programa 77

Referências Bibliográficas 129

Anexos 137

APRESENTAÇÃO

Este trabalho resultou da nossa prática pedagógica e da pesquisa quanto ao ensino da matemática para alunos com deficiência intelectual através da utilização do procedimento de ensino denominado de programação individualizada.

Apresentamos nesta obra, inicialmente, algumas considerações sobre os fundamentos matemáticos e cognitivos para o ensino da matemática para alunos com deficiência intelectual.

Em seguida, procuramos descrever alguns materiais instrucionais como recurso opcional para o professor ensinar a matemática, para o aluno com deficiência mental.

Apresentamos, ainda, o porquê optamos pela programação individualizada para o ensino da matemática, o programa de ensino, e, finalmente, a exemplificação do procedimento para a aplicação do programa.

Acreditamos que o ensino da matemática não é um fim em si mesmo, tem um objetivo mais ambicioso: propiciar o desenvolvimento da competência linguística do aluno deficiente mental e, consequentemente, o desenvolvimento de seu potencial cognitivo.

Prefácio

Prefaciar a obra da professora Dra. Maria da Piedade Resende da Costa é, ao mesmo tempo, uma honra e um prazer. Uma honra por ter sido convidado por uma autora, cujo conhecimento, estudos, prática profissional e publicações no campo da alfabetização e do ensino e aprendizagem da matemática para populações especiais têm contribuído, ao longo de gerações, tanto na formação de pesquisadores e de profissionais que atendem indivíduos com necessidades educacionais especiais, quanto para os próprios alunos especiais e seus familiares (por exemplo, Costa, 2009; Costa, 1997; Costa, 1994). Um prazer, em função de que o material apresentado na presente obra reflete algumas de minhas próprias preocupações e buscas de sistematização de conhecimentos e informações acerca do ensino da matemática para indivíduos com deficiência intelectual.

A presente obra constitui-se em um marco histórico e educacional no ensino de habilidades numéricas para deficientes intelectuais no Brasil. O material aqui oferecido consegue aliar teoria e prática, e sistematiza de forma clara e bem estruturada um currículo de habilidades matemáticas básicas para deficientes intelectuais. A riqueza do material reflete a longa experiência da professora Maria da Piedade, cuja atuação profissional abrange desde o ensino pré-escolar até a formação de mestres e doutores e supervisão de estágio pós-doutoral. Com formação básica em Psicologia, Pedagogia e Fonoaudiologia, e com Mestrado em Educação Especial e Doutorado em Psicologia Experimental, a autora adquiriu autoridade suficiente para propor inovações pedagógicas e desenvolver métodos de ensino a populações especiais. E é esta marca que torna a presente obra uma iniciativa única oferecida a todos os que labutam no ensino da matemática a alunos com deficiência intelectual.

Em nossa sociedade os indivíduos são, cada vez mais, requisitados a apresentar desenvoltura na manipulação de números e relações entre números, valores, quantidades, etc. Uma simples compra ou a leitura de um jornal oferecem oportunidades de exercitar conhecimentos matemáticos básicos e, também, exigem certos repertórios a fim de poder seguir adiante nessas e em outras atividades cotidianas. Nosso mundo exige que os indivíduos sejam numeralizados (expressão usada por Nunes & Bryant, 1997). Ser numeralizado é, por assim dizer, um dos critérios de inclusão em uma sociedade complexa como a nossa, na qual é esperado que o indivíduo apresente um domínio minimamente satisfatório da linguagem falada e escrita e de habilidades matemáticas fundamentais. Tais habilidades, para serem aprendidas, seguem um longo curso e iniciam comumente antes mesmo dos anos escolares, por meio daquilo que é conhecido como repertório pré-matemático.

Esse repertório pré-matemático envolve noções de agrupamento, ordenação, contagem, conceito de número, conservação de quantidades, nomeação dos números, e também noções mais gerais, como de comparação entre objetos e eventos ou entre conjuntos de objetos, como maior/menor, alto/baixo, antes de/depois de, dentro/fora, além de habilidades motoras e viso espaciais, que servirão como preparo à matemática escolar. Brincadeiras, canções e jogos diversos, frequentemente funcionam como atividades introdutórias ao mundo dos números e de suas relações. Mas a ludicidade por si só não é suficiente para garantir um repertório de entrada que prepare o indivíduo à aprendizagem da matemática. É necessário, portanto, o desenvolvimento e aplicação de estratégias e procedimentos apropriados que podem inclusive envolver o lúdico, mas não devem restringir-se tão somente a essa expressão.

Muitos educadores da pré-escola ainda se ressentem de um apoio teórico e técnico suficiente para que seu planejamento e ação pedagógica contemplem os requisitos necessários à numeralização inicial. Se planejamento e ação pedagógica estiverem carentes dos fundamentos teórico-conceituais e práticos, quando a criança seguir para os anos escolares, poderá apresentar-se desprovida de habilidades fundamentais que serão esperadas e exigidas pelos professores no Ensino Fundamental. Não é de surpreender, portanto, que muitas crianças fracassam na tentativa de aprender matemática, muito mais em função de lacunas nas metodologias de ensino e conteúdos do que propriamente em função de limitações inerentes ao indivíduo. Como resultado do desamparo a que foram relegados professores e alunos, encontramos estudantes com aversão à matemática escolar e professores ilustrados teoricamente, mas sem suporte pedagógico que direcione sua prática. Tal situação, além de criar um ciclo vicioso, denuncia uma demanda urgente: precisamos modificar o atual quadro de despreparo dos professores e familiares e de fraco desempenho de nossos alunos.

Desse modo, a aprendizagem da matemática constitui-se, ao mesmo tempo, em uma preocupação e em um desafio para educadores e pesquisadores. A preocupação decorre do fato de que os resultados de provas nacionais e regionais, aplicadas a alunos do Ensino Fundamental e do Ensino Médio, apontam para baixos índices de acerto e, por conseguinte, denunciam uma formação deficitária dos alunos. Essa deficiência na formação dos alunos muito provavelmente reflete a própria formação dos professores, tanto no que diz respeito ao domínio de conteúdos quanto em relação à aplicação de metodologias que efetivamente promovam a aprendizagem. O desafio, portanto, é a superação do quadro atual e, para tanto, são necessários estudos que possibilitem desvelar os processos de aquisição de conceitos e habilidades matemáticas e o desenvolvimento de procedimentos efetivos e eficazes que sejam apropriados à sala de aula.

Ora, se há uma preocupação e um desafio em relação a alunos que não apresentam deficiência intelectual nem quaisquer limitações sensoriais, desenvolvimentais e comportamentais, com mais forte razão essa preocupação e desafio são direcionadas aos estudantes com deficiência intelectual e seus educadores. Há carência de propostas sólidas que ofereçam diretrizes ao atendimento e acompanhamento de estudantes que estão iniciando o processo de numeralização e, ao mesmo tempo, apresentam peculiaridades em função de sua condição e das necessidades de atendimento diferenciado. A presente obra preenche essa lacuna.

Inicialmente a autora apresenta as bases conceituais para o ensino de matemática a deficientes intelectuais. Nesse capítulo são resgatados diferentes enfoques ao ensino e aprendizagem, tanto advindos da Psicologia quanto da Educação. São discutidas as contribuições dos enfoques humanístico, cognitivista e comportamentalista, oferecendo ao leitor informações básicas sobre a aprendizagem do número e da contagem, da conservação de quantidades e do sistema de numeração, bem como os fundamentos ao trabalho com operações básicas de adição e subtração. O capítulo introdutório é fartamente preenchido com informações históricas e dados da literatura, os quais servirão como apoio à descrição e detalhamento de propostas de ensino da matemática aos indivíduos com deficiência intelectual, que serão abordados nos capítulos posteriores.

O segundo capítulo é dedicado à apresentação de materiais instrucionais, tais como o material Cuisenaire, os recursos desenvolvidos por Maria Montessori, e outros recursos materiais que são fundamentais ao trabalho de ensino a populações especiais. São materiais que, necessariamente, farão parte daquilo que é conhecido como alfabetização matemática. A autora, ao detalhar e ilustrar os materiais instrucionais, tem o cuidado de destacar que tais materiais são auxiliares para o ensino da matemática, e, portanto, não esgotam as possibilidades no trabalho com deficientes intelectuais.

No capítulo três, prepara-se o leitor ao entendimento da proposta de programação individualizada a ser apresentada e detalhada nos capítulos quatro e cinco. Mais uma vez a autora traz uma ampla revisão da literatura que apóia o uso do Sistema de Instrução Personalizada, desenvolvido pelo psicólogo estadunidense Fred Keller com base na programação de ensino e aplicado com êxito tanto nos Estados Unidos quanto no Brasil. As bases metodológicas da proposta de Keller são descritas e têm a função de facilitar ao leitor a apreensão global do método e, sobretudo, de entender que um acompanhamento individualizado ao deficiente intelectual só será eficaz e eficiente na medida em que os cuidados metodológicos da programação de ensino forem respeitados.

Os capítulos quatro e cinco enfatizam, respectivamente, o programa de ensino propriamente dito e os procedimentos metodológicos que fazem o programa acontecer. A riqueza de detalhes na apresentação e descrição dos procedimentos foi cuidadosamente elaborada, guiando o leitor de forma segura nas etapas de ensino e aprendizagem propostas. O material foi sistematizado de tal forma que possibilita aplicação imediata. Além disso, um professor atento poderá utilizar a proposta metodológica tanto para avaliar as habilidades iniciais, quanto para o ensino propriamente dito e a avaliação do progresso do aluno. Se seguido com esmero, o programa de ensino dará condições ao professor de avaliar seu próprio desempenho na tarefa de ensinar numeralização aos seus alunos.

Por fim, a reedição desta obra mostra sua atualidade e necessidade. Muitos educadores com acesso a textos teóricos que tratam da aprendizagem da matemática sentem falta de instruções claras sobre como traduzir as informações teóricas em práticas de ensino. O material oferecido pela professora Maria da Piedade satisfaz plenamente as necessidades apontadas pelos educadores e, por este motivo, no segundo parágrafo deste prefácio usei a expressão "currículo de habilidades matemáticas básicas para deficientes intelectuais", pois é exatamente esta a característica do material que o leitor tem em mãos, ou seja, um conjunto sistematizado de experiências a serem oferecidas aos alunos, um guia teórico-conceitual e procedimental aos educadores.

Por todos esses aspectos, parabenizo a professora Maria da Piedade e expresso a esperança de que a presente obra continue sua importante função de auxiliar o trabalho de todos aqueles que lidam diariamente com indivíduos especiais.

João dos Santos Carmo
Universidade Federal de São Carlos

REFERÊNCIAS

Costa, M. P. R. (2009). Múltipla deficiência: pesquisa e intervenção. 2 ed. São Carlos, SP: João & João Editores.

Costa, M. P. R. (1997). Alfabetização para deficientes mentais: um programa completo 3 ed. São Paulo: Edicon.

Costa, M. P. R. (1994). O deficiente auditivo: aquisição da linguagem, orientações para o ensino da comunicação e um procedimento para ensino da leitura e escrita. São Carlos, SP: EDUFSCar.

Nunes, T & Bryant, P. (1997). Crianças fazendo matemática. Porto Alegre: ArtMed

1
FUNDAMENTOS MATEMÁTICOS E COGNITIVOS PARA O ENSINO DE MATEMÁTICA PARA ALUNOS COM DEFICIÊNCIA INTELECTUAL

O **ensino da matemática** para o aluno com deficiência intelectual (moderada) é uma das preocupações da autora surgida em consequência de estudos anteriormente realizados.

Destes estudos surgiu a presente obra que tem como objetivo destacar alguns pontos sobre o ensino da matemática para o aluno com deficiência intelectual (treinável). Obviamente, ao tratar sobre o **ensino,** a tendência é direcionar sua preocupação para a vertente que se refere ao professor sem esquecer, contudo, a vertente de como as aquisições são realizadas pelo aluno. Nos estudos realizados, observando como a matemática é ensinada para o com deficiência intelectual, a autora detectou um desconhecimento sobre o conteúdo de **noções básicas** por parte do professor e consequente prejuízo quanto às aquisições realizadas por parte do aluno com deficiência intelectual (COSTA, 1995).

DIFERENTES ENFOQUES

A literatura, tanto no âmbito da Psicologia como no da Educação, aponta uma vasta produção do conhecimento sobre o tema ensino/aprendizagem. Dentre as principais teorias que tratam sobre este tema encontram-se, entre outras, as de Bruner (1969 e 1973), Piaget (1959, 1973, 1976 e 1977), Rogers (1971 e 1978), Gagné (1971 e 1980), Skinner (1972, 1973 e 1974), Ausubel, Novak e Hanesian (1980).

De um modo geral podem-se abstrair, dos citados autores, três grandes enfoques teóricos que tratam de processo de ensino e de aprendizagem: o humanístico, o cognitivista e o comportamentalista. Cada um desses enfoques teóricos tem influenciado diversas práticas educacionais através de aplicações de métodos, técnicas e procedimentos de ensino.

Particularmente, o ensino e a aprendizagem da matemática tem sido objeto de estudos dos vários enfoques teóricos da Psicologia.

Assim, para a Psicogenética, a aquisição **mental** do número não se dá por simples aprendizagem: depende das estruturas mentais que se sucedem ordenadamente na criança, através de etapas, desde uma idade bem tenra (PIAGET e SZEMINSKA, 1950; PIAGET e INHELDER, 1962; 1975 e PIAGET, 1975). Segundo estes autores, para começar a operacionalizar o **número**, conceitualmente, a criança deve estar **perceptivamente** matura e ter determinadas estruturas mentais. Por meios de atos exploratórios, a criança verifica as relações numéricas: por exemplo, um conjunto constituído por quatro objetos é maior que um constituído por dois objetos.

Entretanto, isto não ocorre com o aluno com deficiência intelectual: uma forma de aprendizagem inadequada ocorre com este aluno no que se refere à contagem. Há uma falta de habilidade facilmente observada neste aluno. É comum ouvi-lo nomear a seriação: **"Um, dois, três, quatro..."** atingindo numeração bem alta, sem conhecer o seu significado. Ele recebeu esta informação do ambiente e foi largamente reforçado para expressá-la de forma oral e, às vezes, de forma gráfica; seu comportamento, no entanto, indica que, para ele, a contagem carece de qualquer significado. Caso este aluno continue a receber orientação inadequada, permanecerá expressando esta numeração sem **compreender** o significado **da contagem.**

Um outro tipo de **contagem** comumente encontrado no aluno com deficiência intelectual é a descrita a seguir. Colocando-se sobre uma mesa uma série de objetos (lápis, por exemplo) alinhados e solicitando-se a este aluno que faça a **contagem,** observa-se que ele a executa, sem estabelecer correspondência entre a quantidade e a nomeação. Ele fala: **"um"** colocando o dedo no primeiro objeto; fala: **"dois"** colocando o dedo no espaço existente entre o primeiro e o segundo objeto; fala: **"três"** colocando o dedo no segundo objeto. Assim, continua sua **contagem** nomeando inadequadamente a quantidade, por não haver correspondência com os objetos que conta.

Conforme estudos realizados por Piaget e Szeminska, 1950; Piaget, 1961; Piaget e Inhelder, 1962; Piaget e Inhelder, 1975 e Piaget 1975, a aquisição do número pela criança **normal** é realizada lentamente e de forma progressiva. Esta criança, ao entrar para a escola com aproximadamente seis anos de idade cronológica, já realizou observações e experiências bem variadas. Isto lhe permite fazer aquisições sobre **noções básicas** e **construções lógicas** imprescindíveis para a aprendizagem da matemática.

Com o aluno com deficiência intelectual, entretanto, isto não ocorre: ele não consegue adquirir as noções básicas para a aprendizagem da matemática devido às limitações de suas experiências e, consequentemente, tem dificuldades de efetuar as necessárias construções lógicas.

Esta **incapacidade** apresentada pelo aluno com deficiência intelectual para o aprendizado da matemática, já fazia parte da preocupação de Séguin quando publicou, em 1846, seu trabalho: *"Traitment moral, hygiène et éducation des idiots et des autres enfants arriérés"*.

Conforme Séguin (1846), o ensino da iniciação à matemática para o aluno com deficiência intelectual tinha como objetivo familiarizá-lo com as quantidades observáveis na vida prática. Assim, denominou a aritmética por ele ensinada este aluno como **a ciência dos números sensíveis**. E mais explicitamente afirmou: "Para meus alunos, um, dois, três, quatro devem ser coisas antes de serem quantidades; a idéia do número deve preceder sempre o símbolo assim como a criança fala as palavras antes de as ler" (SÉGUIN, 1846, p. 480). Esta frase expressa, exatamente, como Séguin procedeu para ensinar matemática para o aluno com deficiência intelectual.

Montessori (1965), na proposição de seu método, também se preocupou com o ensino da numeração e iniciação a aritmética para o aluno com deficiência intelectual, partindo do concreto. Assim, confeccionou um material específico para o ensino da matemática como, por exemplo, dez barras que entre si mantém uma relação de um 1 a 10. A menor barra tem 10 cm, equivale ao primeiro segmento, é vermelha e representa a quantidade **um**. A segunda barra tem 20 cm, contém um primeiro segmento com 10 cm na cor vermelha e um segundo segmento com 10 cm na cor azul e corresponde à quantidade **dois**. A terceira barra de 30 cm de comprimento possui o primeiro segmento de 10 cm na cor vermelha, o segundo segmento de 10 cm na cor azul e o terceiro segmento de 10 cm na cor vermelha e equivale à quantidade **três**. E, assim, sucessivamente, até a barra com um metro de comprimento que representa a quantidade **dez**.

As barras confeccionadas por Montessori facilitam o cálculo porque, ao se colocar a barra indicativa da quantidade **"um"** ao lado da barra da quantidade **"dois"**, obtém-se um comprimento igual à barra da quantidade **"três"**, ao mesmo tempo em que esta operação é realizada ocorre o processo de síntese, ou seja, o aluno efetua uma adição.

Outros materiais confeccionados por Montessori (1965) para o ensino da matemática são os dez numerais (sinais gráficos dos números). Ela os confeccionou em lixa com a finalidade de proporcionar também a estimulação sensorial tátil.

Os fusos e os cartões de 0 a 9 propostos por Montessori, em seu método, também são materiais que permitem ao aluno construir sua 'tabuada'.

Como pode ser observado, Séguin (1846) e Montessori (1965), em seus estudos, preocuparam-se especificamente com o ensino da iniciação à matemática para o aluno com deficiência intelectual. Entretanto, um grande avanço ocorrido no ensino da matemática deu-se com os estudos realizados por Piaget e Szeminska, relatados no livro "La genèse du nombre chez l'enfant", publicado em 1950.

Segundo Piaget e Szeminska (1950), a base para a aquisição da noção geral do número se encontra em noções anteriores como as de conservação, correspondência e equivalência. A aquisição de cada uma destas noções pela criança é realizada em três estágios sucessivos, ou seja, compreende desde a ausência (primeiro estágio), passando por uma etapa intermediária (segundo estágio) até a aquisição (terceiro estágio).

A noção de conservação, segundo Piaget e Szeminska (1950) "constitui uma condição necessária de toda a atividade racional" (p.6). Conforme os estudos descritos por Piaget e Szeminska, os três estágios sucessivos para a aquisição da noção de conservação são:

1º estágio – Não conservação: "A criança não conserva as quantidades contínuas nem as coleções descontínuas, quando sua configuração perceptiva está alterada".

2º estágio – Intermediário: caracteriza-se "pelas soluções intermediárias situadas a meio caminho entre a quantidade bruta sem invariabilidade e a quantificação propriamente dita". A criança se inclina a aceitar a conservação e esta "tendência entra em conflito com a aparência contrária".

3º estágio – Conservação: "A criança não tem que refletir para assegurar-se da conservação das quantidades totais: esta segura a priori" (p.42).

Quanto às noções de correspondência e equivalência, Piaget e Szeminska (1950) também estabelecem três estágios sucessivos como:

1º estágio – Comparação global e ausência de correspondência;

2º estágio – Correspondência termo a termo sem equivalência duradoura; e,

3º estágio – Correspondência termo a termo com equivalência duradoura.

Metton-Granier (1972), replicando os experimentos de Piaget, realizou um estudo sobre as noções de conservação, correspondência e equivalência com deficientes mentais.

Os resultados obtidos por Metton-Granier (1972) sobre a noção de conservação permitiram constatar que o indivíduo com deficiência intelectual, cuja **idade mental** é superior a seis anos não tem, necessariamente, a noção de conservação. Ainda, neste estudo, foram observados os problemas de linguagem (articulação incorretas das verbalizações) apresentados pelo indivíduo com deficiência intelectual. É possível que a constatação deste estudo esteja atrelada aos problemas de linguagem apresentados pelos sujeitos.

Em relação às noções de correspondência e equivalência, os resultados indicaram que a maior parte de indivíduos com deficiência intelectual encontrava-se no segundo estágio. Assim, a correspondência desaparece quando se elimina a identidade das figuras formadas pelas duas coleções, indicando que o deficiente intelectual leva em consideração apenas o aspecto global.

A **matemática** ensinada para o aluno com deficiência intelectual é a mesma **matemática** ensinada para qualquer aluno. Isto significa que o professor do aluno com deficiência intelectual deve, também, **conhecer** os conceitos ou noções básicas da matemática, a fim de melhor aplicar os procedimentos de ensino.

Entre os conceitos básicos se faz necessário ao professor conhecer **número/numeral, base e conjunto**, temas estes que serão tratados a seguir.

NÚMERO/NUMERAL

Na literatura existente sobre a origem dos números consta que o homem primitivo não conhecia o número, porém tinha a faculdade que o levava a julgar uma quantidade (BOYER, 1974). Poder-se-ia compará-lo a uma criança: diante de dois conjuntos de balas, escolherá o que tem mais balas (elementos). É uma habilidade visual que permite detectar onde há mais ou onde há menos elementos.

É o número indiferenciado qualitativamente percebido. Serve a um pastor para **compor** quando chama seu rebanho. O pastor sabe se estão todas ou se faltam algumas ovelhas. Esta capacidade é denominada de apreensão de coleções e de grupos (FLOURNOY, 1968; SPITZER, 1970; GOMIDE, 1971 e BOYER, 1974).

Decroly (1929) descobriu, em suas investigações na criança de um ano, manifestações capazes de informar sobre as noções que poderiam formar-se da quantidade e do número. Até os 14 meses a criança só pode **jogar** com três unidades, porém, ao chegar aos 14-16 meses a criança aprende a manejar conjuntos mais extensos. Quando surge o nome, aparece no conjunto uma qualidade como, por exemplo, do conjunto **crianças** há uma sucessão ordenada dos nomes. A sucessão de nomes automatizada é a numeração. Assim, o passo da abstração numérica é o passo da coisa à qualidade numérica que interessa mais que a própria coisa.

Imagina-se que, bem remotamente, o homem, para conferir o seu rebanho, fazia a correspondência entre um animal e uma pedrinha. Da prática desta abstração surgiu a noção de número. Daí, provavelmente, surgiram os sistemas de numeração: substituição das pedrinhas pelo uso dos dedos de uma mão e, posteriormente, da outra mão. Consequentemente, teve início o sistema de base cinco, ou seja, as unidades agrupadas de cinco em cinco.

Durante o decorrer da História, existiram vários sistemas de numeração como os dos etruscos, romanos, babilônicos, egípcios, gregos, maias, indo-arábicos.

Devido à relevante economia que oferece para expressar e computar as quantidades e à simplicidade, o sistema de numeração indo-arábico é o mais usado. Isto pode ser evidenciado no exemplo indicado na Figura 1.

CONJUNTOS	QUANTIDADE/ NÚMERO	NUMERAL				
		INDO--ARÁBICO	ROMANO	MAIA	BABILÔNICO	EGÍPCIO
 🦆🦆🦆	TRÊS	3	III	•••	YYY	|||
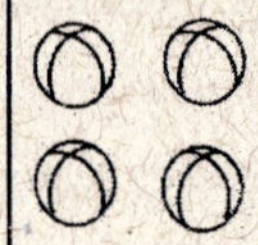 ◯◯◯◯	QUATRO	4	IV	••••	YYYY	||||
 🏠🏠🏠🏠🏠🏠	SEIS	6	VI	•	YYY YYY	||| |||

Figura 1. Exemplo do número quatro representado nos numerais indo-arábico, romano, maia, babilônico e egípcio.

Analisando o exemplo apresentado na Figura 1 pode-se observar que para representação do número (quantidade) quatro foram utilizados no numeral:

a) indo-arábico: um só símbolo;

b) romano: dois símbolos;

c) maia: um símbolo repetido quatro vezes;

d) babilônico: um símbolo repetido quatro vezes; e,

e) egípcio: um símbolo repetido quatro vezes.

O sistema de numeração chama-se indo-arábico porque é originário da Índia e chegou até a civilização européia através dos árabes. A grafia destes símbolos foi sistematizada pelo matemático árabe Al-Karismi, daí estes símbolos receberam a denominação de **algarismos**. Portanto, convém ressaltar aqui que a expressão '**algarismos romanos**' utilizada em alguns livros de matemática é inadequada.

A demonstração contida neste exemplo da Figura 1, em relação ao número (quantidade) e numeral (símbolo) pretende orientar o professor no que se refere ao ensino da iniciação à matemática para o aluno com deficiência intelectual. É comum haver a introdução do ensino do símbolo (numeral) sem o referido aluno compreender o **número**.

O indo-arábico é um sistema exponencial-posicional: considera as potências de **base** e o valor do lugar dos algarismos.

Convém estabelecer a diferença entre sistema de numeração e sistema numérico. Enquanto aquele é o conjunto de símbolos usados para expressar os números, este "é um conjunto de números, de operações definidas nesse conjunto e de regras que governam essas operações" (GOMIDE, 1971, p.58).

Para representar todos os números, o sistema de numeração indo-arábico usa dez símbolos: 1, 2, 3, 4, 5, 6, 7, 8, 9 e 0.

BASE

Para o sistema de numeração indo-arábico a base é 10 provavelmente determinado pela quantidade de dedos das mãos: dez. Além da base dez são usadas outras como: base 2 (binária), base cinco (quinária), base 12 (duodecimal).

A seguir encontra-se determinado como o número 3725 pode ser representado na:

- **base 10**

  $3 \times 10^3 + 7 \times 10^2 + 2 \times 10 + 5 \times 10^0$

- **base 12**

  $2 \times 12^3 + 1 \times 12^2 + 10 \times 12 + 5 \times 12^0$

- **base 5**

  $1 \times 5^5 + 0 \times 5^4 + 4 \times 5^3 + 4 \times 5^2 + 0 \times 5 + 0 \times 5^0$

- **base 2**

  $1 \times 2^{11} + 1 \times 2^{10} + 1 \times 2^9 + 0 \times 2^8 + 1 \times 2^7 + 0 \times 2^6 + 0 \times 2^5 +$
  $0 \times 2^4 + 1 \times 2^3 + 1 \times 2^2 + 0 \times 2 + 1 \times 2^0$

Qualquer que seja a base obtém-se cifras que indicam o número de vezes que se encontra uma mesma potência de base.

Para se obter as diferentes bases de um número, existem dois métodos: a) dos subconjuntos e b) das divisões sucessivas.

Métodos dos subconjuntos – Formação, em um conjunto dado, e sucessivamente de subconjuntos com n, n^2, n^3, n^4... elementos e escrita dos números na base correspondente.

Como exemplificação, observa-se um conjunto inicial de 24 elementos e nas bases 10, 5, 3, e 2, como demonstra a Figura 2.

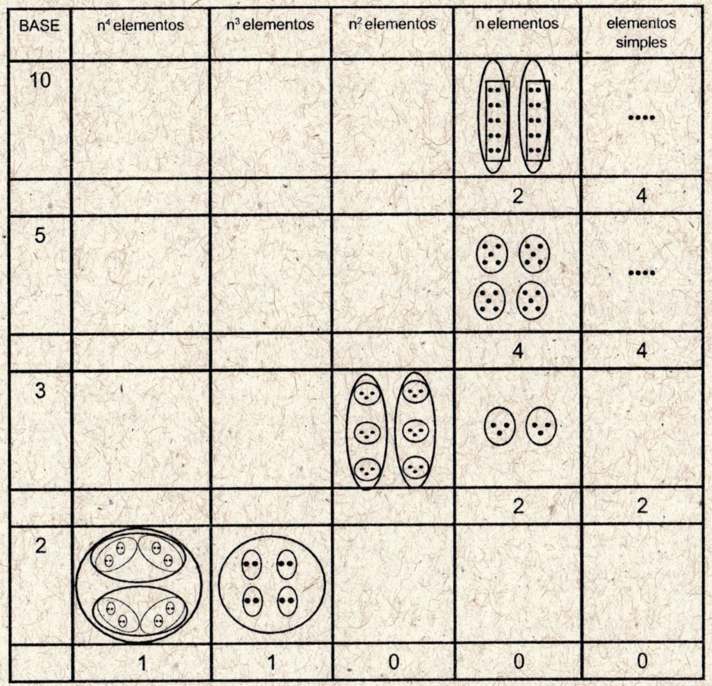

BASE	n⁴ elementos	n³ elementos	n² elementos	n elementos	elementos simples
10				⬭⬭	••••
				2	4
5				⬭⬭⬭⬭	••••
				4	4
3			⬭⬭⬭	⬭⬭	
				2	2
2	⬯	⬭			
	1	1	0	0	0

Figura 2. Exemplo do conjunto de 24 elementos nas bases 10, 5, 3 e 2 através do método dos subconjuntos.

Métodos das divisões sucessivas – este método permite se fazer o cálculo da base desejada a partir da base 10.

Exemplificação:
24 elementos
Base 5:
24 |5̲_
 4 4

Resultado: 4. 4
$4 \times 5 + 4 \times 5^0 = 20 + 4 = 24$

Base 3:
24 |3̲
 0 8 |3̲
 2 2
Resultado: 2. 2. 0
$2 \times 3^2 + 2 \times 3 + 0 \times 3^0 = 18 + 6 + 0 = 24$

Base 2:
24 |2̲
 0 12 |2̲
    0 6 |2̲
       0 3 |2̲
          1 1
Resultado: 1. 1. 0. 0. 0
$1 \times 2^4 + 1 \times 2^3 + 0 \times 2^2 + 0 \times 2 + 0 \times 2^0 =$
$16 + 8 + 0 + 0 + 0 = 24$

A base binária é utilizada pelas calculadoras eletrônicas na efetuação de cálculos. Isto permite uma economia de tempo para a resolução de cálculos extensos: as calculadoras apresentam, em segundos, a solução.

A base 60, adotada entre os babilônicos, atualmente ainda é usada para as medidas de tempo e de ângulos.

O professor do aluno com deficiência intelectual deve conhecer noções sobre **base** para melhor atuar no trabalho com seus alunos.

CONJUNTOS

Além do conhecimento sobre os conceitos básicos de **número/numeral** e **base**, outro aspecto fundamental para o ensino da matemática, diz respeito à habilidade de ensinar o aluno a fazer **agrupamentos**.

Para o aluno **normal**, a habilidade de fazer agrupamentos se desenvolve natural e progressivamente como foi visto anteriormente (PIAGET e SZEMINSKA, 1950). Porém, isto é problemático para o aluno com deficiência intelectual devido à **pobreza** de vocabulário geralmente apresentada por este aluno. **Compreender** que uma rosa, um cravo e uma dália pertencem ao conjunto das flores é um **processo lingUístico**: vários objetos com características comuns são agrupados e recebem um novo termo mais econômico e generalizador (FELDMAN, 1982). Porém, **compreender** que o conjunto flores é maior do que o conjunto rosas vermelhas e que o conjunto rosas vermelhas pertence tanto ao conjunto flores como conjunto de objetos vermelhos, envolve conceitos mais complexos (FELDMAN, 1982). Os estímulos: rosa, dália, cravo são **perceptivamente** semelhantes. Entretanto em estímulos **perceptivamente** diferentes, dever-se-á aplicar devidamente procedimentos a fim de que o aluno com deficiência intelectual atinja melhores níveis de generalização linguística.

Para Dienes (1970 e 1977), existe um mundo intermediário entre o mundo dos objetos e o dos números: é o "mundo dos conjuntos". Daí, **conjuntos** devem ser ensinados a fim de fazer parte do repertório comportamental do aluno com deficiência intelectual para que ele possa **construir** os números. E, para isto, é necessário que o professor conheça a noção básica sobre **conjuntos**.

Certos números são perceptivamente identificados pela criança como uma **qualidade particular** dos conjuntos pequenos. Assim, da mesma forma que a criança vê o atributo **cor** para o conjunto de **quatro bolas vermelhas**, vê também o atributo **número** para o mesmo conjunto. É a aprendizagem da **qualidade** numérica (BANDET, MIALARET e BRANDICOURT, 1965).

Observando-se que no início o **pensamento** espontâneo da criança constrói uma aritmética e que os números são **conhecidos** pela visualização, os dados dos estudos realizados por Bandet, Mialaret e Brandicourt (1965) aconselham a iniciar o ensino dos conjuntos pelo agrupamento de dois elementos. Em seguida, introduzir três, quatro. O **um** surgirá da comparação. E, finalmente, vem a aquisição das quantidades de cinco a dez.

Para Bandet, Mialaret e Brandicourt (1965) e Bandet, Sarazanas e Abbadie (1967) existem dois procedimentos para ensinar as quantidades até dez. O primeiro procedimento consiste em fazer a correspondência entre objetos e palavras (**um, dois, três**...). O outro procedimento é através da identificação **perceptual** (estímulos discriminativos) da quantidade: é a **figura perceptivamente convencional** da quantidade. De acordo com este procedimento, o conjunto é uma **imagem falada do número**. Em seguida, chega-se a outra etapa deste procedimento: a introdução do numeral (símbolo da quantidade).

O agrupamento dos objetos ou pontos em determinada organização facilita perceptualmente a captação do número (quantidade) pelo aluno. Existem vários modelos, entretanto, o modelo apresentado na Figura 3 oferece melhor visualização.

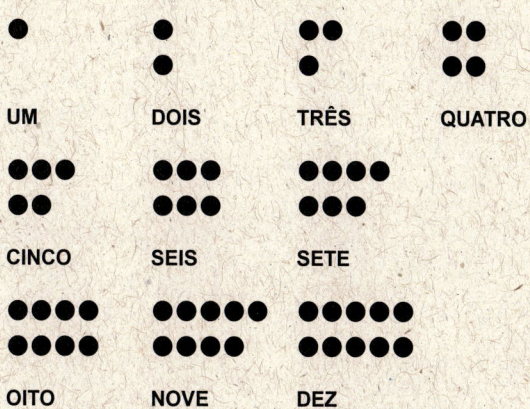

Figura 3 – Exemplo de um dos modelos para o agrupamento dos objetos.

Observa-se que estes agrupamentos favorecem, **perceptivamente**, o aluno a **compreender** que cada número sucede o antecedente pela adição de uma unidade. Além deste aspecto, já permite a formação dos **pares** (aquisição dos números pares e ímpares).

Assim, a **noção** de par e ímpar também é **perceptivamente** adquirida pelo aluno. E, ainda, **perceptivamente** o aluno é capaz de aplicar a análise/síntese (adição/subtração) como o exemplo indicado na Figura 4.

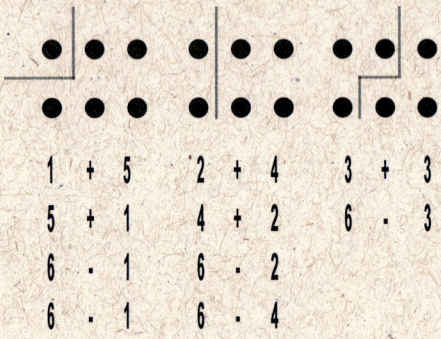

Figura 4. Exemplo das possibilidades de adição/subtração em relação ao número seis.

Observa-se que nas possíveis combinações associativas, por exemplo, do número quatro (3+1; 1+3; 2+2; 1+1+1+1), o aluno está aplicando o mesmo processo quando aprende, por exemplo, a palavra **pato** (pa+to; p+a+t+o). Isto evita com que o aluno deficiente mental faça aquisições deficitárias e apresente **erros** semelhantes aos portadores de **discalculia** (GERSTMANN, 1940; COHN, 1961; DAURAT-HMELJAK e MARLAN, 1967; COHN, 1968 e GUAY e McDANIEL, 1977).

Isto porque, conforme explica Dienes (1977, p.15), "as relações entre conjuntos conduzem a considerações de natureza lógica, ao passo que as propriedades dos conjuntos levam a considerações de natureza matemática".

No ensino dos conjuntos, deve-se, então, utilizar procedimentos para que o aluno com deficiência intelectual amplie seu repertório comportamental verbal, ou seja, a fim de que ele faça generalizações a nível lingUístico. Para isto se deve inicialmente fazer os agrupamentos por semelhança perceptiva absoluta e, em seguida, por função (PIAGET e INHELDER, 1975 e PIAGET, 1975).

Para Feldman (1982), antes de iniciar o procedimento para o estabelecimento de operações das classes entre si, o aluno deve: a) fazer agrupamentos sob um item conceptual comum; e, b) nomear cada classe adequadamente.

Piaget e Inhelder (1975) denominaram estruturas lógicas às estruturas classificatórias. Assim, a composição destas estruturas pode ser por: agrupamento aditivo de classes, estrutura vicariante, multiplicação counívoca de classes e multiplicação biunívoca de classes.

O agrupamento aditivo de classes consiste na união de duas subclasses em uma classe comum. Portanto, **gatos** (subclasse) e **patos** (subclasse) pertencem a uma classe comum **animais**. Isto, consequentemente, permite duas outras operações: classes complementares e relação todo/parte.

Nas classes complementares, a operação lógica realizada é a seguinte: "o conjunto de objetos pode ser dividido em todos os elementos que pertencem a uma determinada classe e todos aqueles que não pertencem a ela" (FELDMAN, 1982, p.9). Como exemplo pode ser citado um conjunto de frutas. Este conjunto pode ser dividido em **bananas** e **não-bananas**.

Quanto à relação todo/parte, pode-se estabelecer que, em duas subclasses, "o fato invariável, a classe maior sempre tem mais elementos que a classe menor" (FELDMAN, 1982, p.9). Assim, laranjas e bananas formam um conjunto de frutas. Então, sempre há mais frutas do que laranjas e do que bananas.

A estrutura vicariante "permite a troca sucessiva de critério dentro de uma mesma classe" (FELDMAN, 1982, p.9). Uma classe, com efeito, é uma reunião de termos considerados como equivalentes independentes de suas diferenças (PIAGET e SZEMINSKA, 1950) como, por exemplo: os vertebrados podem ser aves e mamíferos grandes (emas, elefante) e pequenos (beija-flor, rato). No número (quantidade) a estrutura vicariante significa a propriedade associativa e dissociativa (FELDMAN, 1982, p. 9) como:

$$7 = 6 + 1, 5 + 2, 4 + 3, 7 + 0$$

A multiplicação counívoca de classes "é a intersecção de conjuntos que permite situar um elemento em dois conjuntos simultaneamente" (FELDMAN, 1982, p.9). Assim, a bola pertence ao mesmo tempo ao conjunto dos brinquedos e aos corpos esféricos; a rosa vermelha pertence ao mesmo tempo ao conjunto das flores e ao conjunto dos objetos vermelhos.

Quando uma classe total pode estar dividida conforme critérios diferentes, é a multiplicação biunívoca de classes. Na prática, são os exercícios do quadro de dupla entrada (ver Figura 5):

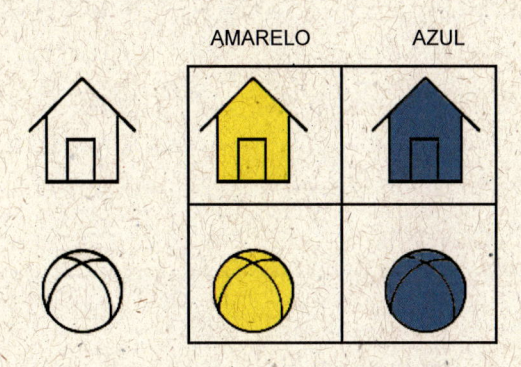

Figura 5. Exemplo do quadro de dupla entrada envolvendo figuras e cores.

Este tipo de exercício favorece o processo de análise/síntese, implicando facilitação para análise/síntese no âmbito da leitura conforme o exemplo indicado na Figura 6.

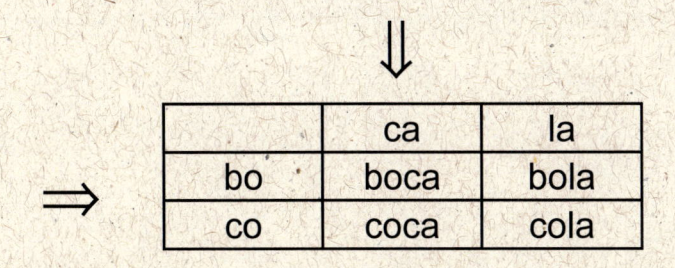

	ca	la
bo	boca	bola
co	coca	cola

Figura 6. Exemplo do quadro de dupla entrada envolvendo sílabas.

O professor ao estudar as noções básicas passará a aplicar procedimentos de ensino investindo na aquisição por parte do aluno com deficiência intelectual, inclusive, na sua compreensão lingUística.

Conforme o exposto, pode-se concluir que a matemática deve ser ensinada ao aluno com deficiência intelectual. Entretanto, para que esta seja ensinada, cabe ao professor conhecer as suas noções básicas. Isto porque, conhecendo estas noções, poderá compreender também como as aquisições são realizadas por parte do aluno com deficiência intelectual e aplicar procedimentos de ensino que propiciem a este aluno a realizar construções lógicas.

Pode-se concluir, ainda, que ao ensinar matemática ao aluno com deficiência intelectual, o professor estará favorecendo o processo de análise/síntese importante para a aquisição da leitura e que o ensino da matemática não é um fim em si mesmo: tem um objetivo mais ambicioso, ou seja, propiciar o desenvolvimento da competência lingUística do aluno com deficiência intelectual e o desenvolvimento de seu potencial cognitivo.

2
MATERIAIS INSTRUCIONAIS

O ensino da matemática para o aluno com deficiência intelectual conta com uma série de opções quanto à utilização de materiais instrucionais.

Estes materiais instrucionais obviamente têm a função de auxiliar o ensino da matemática. Uns são mais estruturados, ou seja, submetidos a estudos apresentaram resultados excelentes como, por exemplo, o material Cuisenaire, o material Montessori, os blocos lógicos, o material dourado. Outros, confeccionados simplesmente para funcionar como estímulos (estimulação visual, auditiva, tátil, sinestésica), também servem como auxiliares para o ensino da matemática. A seguir serão apresentados alguns destes materiais instrucionais.

MATERIAL CUISENAIRE

Este material foi idealizado por Georges Cuisenaire, em 1953, na Bélgica, e divulgado através do livro *Les nombres en coleurs*.

Foi introduzido no Brasil pelo professor Waldecyr de Araújo Pereira durante a realização do 3º Congresso Brasileiro de Ensino da Matemática, realizado no Rio de Janeiro, no período de 20 a 25 de junho de 1959. Porém, anteriormente, no artigo publicado no Jornal do Commércio em 22 de dezembro de 1957, sob o título *Novos Rumos da Matemática*, o referido professor já tratava sobre o material Cuisenaire.

Este material consiste em dez peças confeccionadas em cores diferentes:

- branca = 1
- vermelha = 2
- verde clara = 3
- carmim = 4
- amarela = 5
- verde escura = 6
- preta = 7
- marrom = 8
- azul = 9
- alaranjada = 10

A menor peça é um cubo com um centímetro de aresta e indica a unidade. A partir deste cubo são construídas as demais peças.

A segunda peça é um paralelepípedo, cuja base, igual ao cubo e altura dupla correspondente a dois cubos, indica a quantidade dois.

A terceira peça é, também, um paralelepípedo com a base igual ao cubo e a altura tripla, ou seja, correspondente a três cubos, indica a quantidade três.

E, assim, as outras peças continuam a aumentar até chegar à altura igual a dez vezes a aresta do cubo.

Deve ser observado que, na construção do material por Cuisenaire, houve a preocupação de fazer uma associação entre **"número"** e **"cor"** conforme exemplificação a seguir:

- a peça menor, o cubo, que corresponde à unidade, é branca;
- as peças 2, 4 e 8 são: vermelha, carmim e marrom (nuances do vermelho);
- as peças 3, 6 e 9 são: verde clara, verde escura e azul (nuances do verde/azul);
- as peças 5 e 10 são amarela e alaranjada (nuances do amarelo);
- a peça 7 é preta.

Deve-se notar, ainda, a seguinte associação:

- as peças branca e preta são únicas, ou seja, não possuem nuances e correspondem aos números primos 1 e 7;
- os conjuntos: 2, 4 e 8; 3, 6 e 9; 5 e 10 evidenciam os dobros, triplos, as potências 2 e 3.

Com as dez peças o professor tem um recurso material excelente para o ensino da matemática (Pereira, 1961).

A Figura 7 apresenta o esquema das dez peças do material Cuisenaire.

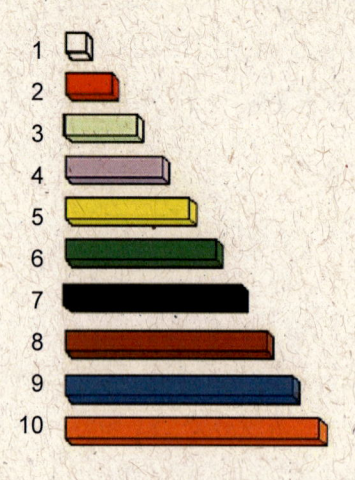

Figura 7 – Esquema das dez peças do material Cuisenaire.

Quanto à representação das operações, alguns exemplos encontram-se indicados na Figura 8.

Figura 8 – Exemplos de representação das operações.

MATERIAL MONTESSORI

Maria Montessori (1926), após estudos realizados, elaborou um método para ensinar o deficiente intelectual. Associado a este método também foi construído um material específico baseado nas "qualidades fundamentais comuns a tudo que rodeia a criança no ambiente educativo" (MONTESSORI, 1965, p. 105). Assim, o controle do erro, a estética, as possibilidades de auto-atividade são aspectos que mereceram cuidado especial na construção do material montessoriano para atender à estimulação polissensorial. Entre o material Montessori deve ser tratado no presente trabalho aquele que está mais diretamente vinculado ao ensino da matemática, como blocos de madeira para encaixe de cilindros, blocos de madeira (sistema de barras, prismas e cubos), encaixes geométricos, material das cores, algarismos em lixa, etc.

São recursos materiais que poderão ser usados para auxiliar o ensino da matemática para o deficiente intelectual independentemente da utilização do Método Montessori.

A seguir serão descritos, de forma breve, alguns destes materiais.

BLOCOS MACIÇOS DE MADEIRA
PARA ENCAIXE DE CILINDROS

São quatro blocos de madeira com 59 cm de comprimento, 6 cm de altura e 8 cm de largura. Cada bloco contém dez cavidades que servem para encaixar cilindros. Estes cilindros possuem na parte superior uma espécie de botão (ou pino) para facilitar sua preensão e introdução nas cavidades dos blocos. Cada cavidade corresponde apenas a cada um dos cilindros (material autocorretivo/ controle do erro).

BLOCO 1

São constituídos de 10 cilindros variando na dimensão altura: o mais baixo tem 1 cm e os outros, gradativamente, vão aumentando a altura de 0,5 cm até 5,5 cm (ver Figura 9).

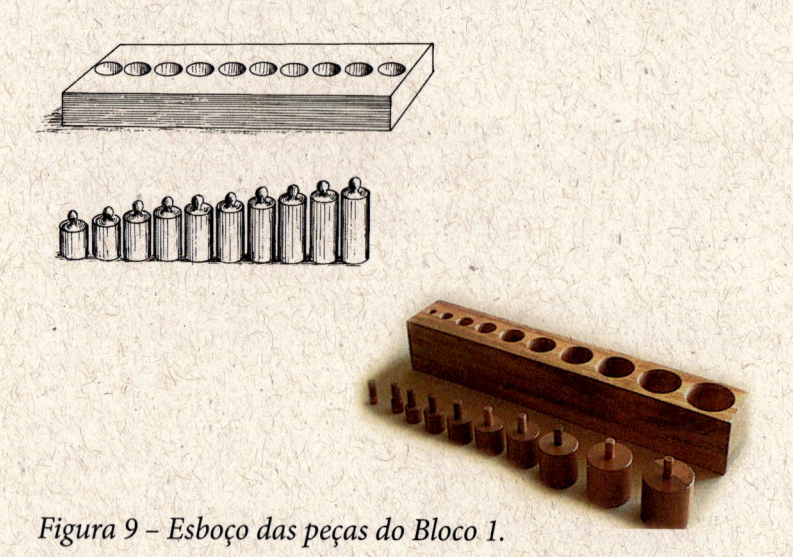

Figura 9 – Esboço das peças do Bloco 1.

BLOCO 2

São constituídos de 10 cilindros variando na dimensão diâmetro: possuem a mesma altura, sendo que o mais fino tem 1 cm de diâmetro e os outros vão aumentando gradativamente meio centímetro até o mais grosso com 5,5 cm de diâmetro (ver Figura 10).

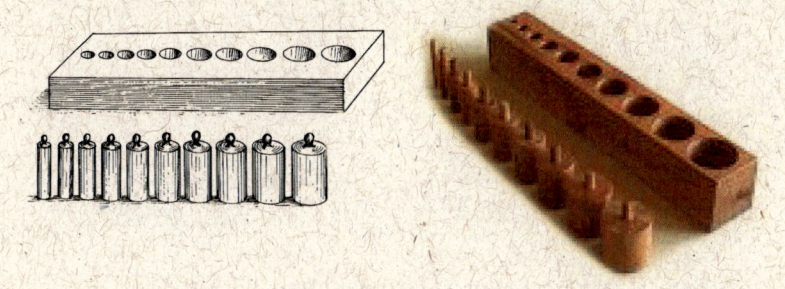

Figura 10 – Esboço das peças do Bloco 2.

BLOCO 3

São constituídos de 10 cilindros variando em duas dimensões, ou seja, altura e diâmetro (as duas dimensões anteriores): diminuem na altura e no diâmetro. Assim, o mais alto é o mais grosso e o mais baixo é o mais fino (ver Figura 11).

Figura 11 – Esboço das peças do Bloco 3.

BLOCO 4

São constituídos de 10 cilindros variando em duas dimensões, ou seja, diâmetro e altura: diminuem no cilindro e aumentam na altura. Assim o mais baixo é também o mais grosso e o mais alto é o mais fino (ver Figura 12).

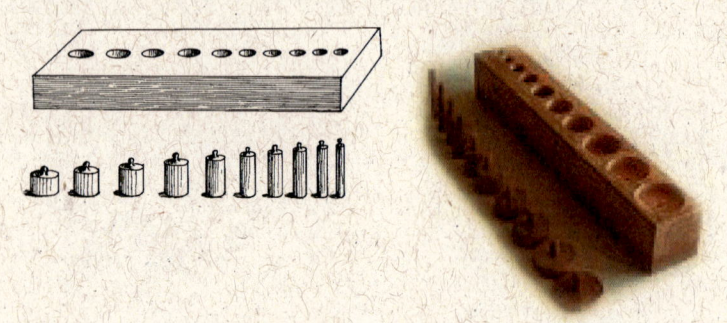

Figura 12 – Esboço das peças do Bloco 4.

BLOCOS DE MADEIRA AGRUPADOS EM TRÊS SISTEMAS

Os blocos de madeira agrupados em três sistemas compreendem:

a) sistema de barras e comprimentos (as barras vermelhas);
b) sistema dos prismas (a escada marrom);
c) sistema dos cubos (a torre rosa).

A seguir serão descritos estes três sistemas.

SISTEMA DE BARRAS E COMPRIMENTOS – AS BARRAS VERMELHAS

São 10 barras pintadas de vermelho possuindo 1,3 cm de lado diferenciando-se no comprimento, uma da outra de 10 em 10 cm. Assim, a mais curta mede 10 cm e a mais comprida 1 m (ver Figura 13).

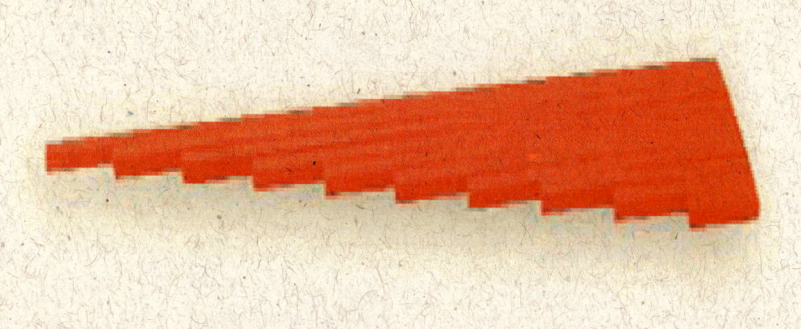

Figura 13 – Esboço das peças do sistema de barras e comprimentos – as barras vermelhas.

SISTEMA DOS PRISMAS – A ESCADA MARROM

São constituídos de 10 prismas de cor marrom, todos com 20 cm de comprimento, porém, de lados diferentes, variando de 10 cm para o lado maior até 1 cm para o lado menor, ou seja, do mais grosso ao mais fino. Portanto, variam na dimensão largura (ver Figura 14).

Figura 14 – Esboço das peças do sistema dos prismas – a escada marrom.

SISTEMA DOS CUBOS – A TORRE ROSA

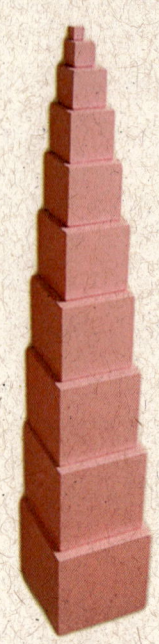

São constituídos de 10 cubos de cor rósea (forte) variando nas três dimensões (altura, largura e comprimento). São cubos que variam de 10 cm até 1 cm de aresta (ver Figura 15).

Figura 15 – Esboço das peças do sistema dos cubos – torre rosa.

ENCAIXES GEOMÉTRICOS

É constituído de material plano com molduras correspondentes para o encaixe das figuras geométricas: quadrado, retângulo, círculo, triângulo, trapézio, etc (ver Figura 16).

Figura 16 – Esboço das peças de encaixes geométricos.

MATERIAL DAS CORES

São tabletes pequenos pintados com cores vivas ou enrolados com fios de seda coloridos. As nove cores são: cinzenta (do preto ao branco), vermelha, amarela, verde, violeta, marrom, rósea. Cada uma delas possui sete graduações de intensidades diferentes (ver Figura 17).

Figura 17 – Esboço das peças do material das cores.

BARRAS COM SEGMENTOS COLORIDOS VERMELHO/AZUL

São constituídos de dez barras distribuídas entre si numa relação de 1 a 10: a mais curta tem 10 cm e a maior 1 metro de comprimento. Os segmentos de 10 cm são coloridos alternadamente de vermelho e azul (ver Figura 18).

Figura 18 – Esboço das peças barras com segmentos coloridos vermelho/azul.

ALGARISMOS EM LIXA

São constituídos de dez cartões sobre os quais estão colocados os algarismos confeccionados em lixa (0, 1, 2, 3, 4, 5, 6, 7, 8 e 9) (ver Figura 19).

Figura 19 – Esboço do algarismo em lixa.

BLOCOS LÓGICOS

São blocos que poderão ser agrupados por atributos: forma, tamanho, espessura e cor. Assim, o aluno poderá agrupar as peças pelas cores: amarelas, azuis e vermelhas. Também poderá agrupá-las pelo tamanho: as maiores e as menores, ou seja, as grandes e as pequenas. Ainda poderá agrupá-las pelas formas: quadrados, triângulos, retângulos e círculos. E, finalmente, agrupá-las pela espessura: grossas e finas. Utilizando-se o quadro de dupla entrada, o aluno poderá classificar as peças atendendo uma solicitação. A Figura 20 exemplifica o quadro de dupla entrada envolvendo formas e cores.

FIGURAS \ CORES	AMARELO	AZUL	VERMELHO
⬭			
▭			
△			
▭			

Figura 20 – Exemplo do quadro de dupla entrada envolvendo formas e cores.

Os blocos também poderão ser agrupados por tamanho como indica o exemplo da Figura 21.

Figura 21 – Exemplo de agrupamento dos blocos.

MATERIAL DOURADO

É um material que auxilia o ensino da matemática. Possibilita o aluno adquirir, de forma concreta, os conceitos matemáticos. Este material é constituído de: a) um cubo com 10 centímetros de aresta representando um milhar; b) 10 prismas com um centímetro de altura e 10 centímetro de largura e 10 centímetros de comprimento representando as centenas; c) 100 prismas com um centímetro de altura, um centímetro de largura e 10 centímetros de comprimento representando as dezenas; e d) 500 cubos com um centímetro de aresta representando as unidades.

O **material dourado** possibilita o ensino: a) da idéia de número; b) do valor posicional dos algarismos; c) das classes e ordens de um número; d) da composição e decomposição de um número; e) de números pares e ímpares; f) da adição, subtração, multiplicação e divisão; e g) números decimais e fracionários.

Figura 20 – Material dourado.

ÁBACO

O ábaco ou soroban (sorobã) é um aparelho de cálculo. Compõe-se de duas partes separadas por uma régua horizontal (régua de numeração). A parte inferior apresenta quatro contas em cada eixo e a superior uma conta em cada eixo. Há sorobans (sorobãs) que apresentam 13, 21 ou 27 eixos. Para utilizar o soroban deve-se posicioná-lo conforme indicação da Figura 20.

Cada conta do retângulo inferior corresponde a uma unidade da ordem correspondente, enquanto cada conta do retângulo superior equivale a cinco unidades da ordem correspondente. As contas afastadas da área equivalem a zero. Antes do início da operação, deve-se observar se todas as contas estão afastadas da régua.

1, 2, 3 e 4 são escritos deslocando-se, sucessivamente, para junto da régua de numeração as respectivas contas do retângulo inferior. 6, 7, 8 e 9 são escritos, deslocando-se sobre o mesmo eixo, a conta do retângulo superior juntamente com uma, duas, três ou quatro contas do retângulo inferior.

O soroban é amplamente utilizado para efetuar as operações fundamentais.

Figura 21 – Esboço da figura do ábaco ou soroban.

OUTROS MATERIAIS INSTRUCIONAIS

Quadro de dupla entrada

É utilizado para o treinamento dos conceitos básicos (ver Figura 22).

ATRIBUTOS / OBJETOS	VERMELHO	AZUL	AMARELO
 (bola)			
 (cadeira)			
 (casa)			
 (flor)			
 (avião)			

Figura 22 – Exemplo do quadro de dupla entrada envolvendo figuras e atributos.

Dominó

É utilizado para treinamento variado (conceitos básicos, número/numeral) conforme sua confecção (ver Figura 23).

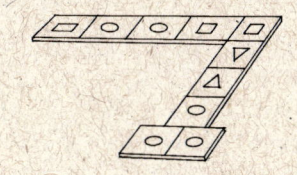

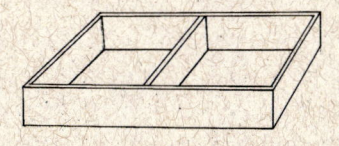

Figura 23 – Exemplo do dominó com figuras geométricas.

Tábua com pinos para encaixar argolas

É utilizada para o ensino de quantidades e cores (ver Figura 24).

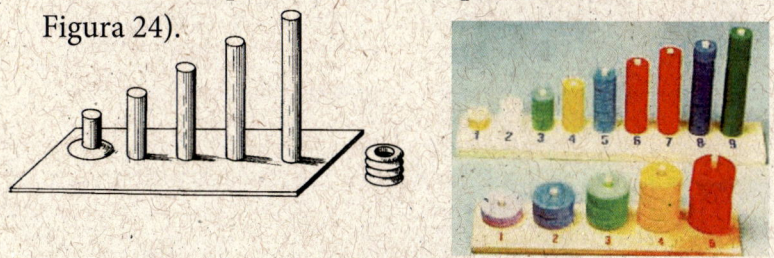

Figura 24 – Esboço da tábua com pinos para encaixar argolas.

Numerais de 1 a 9 confeccionados em madeira

São utilizados para o treinamento da identificação e nomeação dos numerais (ver Figura 25).

Figura 25 – Exemplificação dos numerais confeccionados em madeira.

Tábua com pinos para encaixar esferas

É utilizada para o ensino de quantidades e cores (ver Figura 26).

Figura 26 – Exemplificação da tábua com pinos para encaixar esferas.

Peças com perfurações para encaixar pinos conforme a quantidade indicada pelo numeral

São utilizadas para o ensino do número/numeral (ver Figura 27).

Figura 27 – Exemplificação de peças para encaixar as quantidades indicadas.

Cartões para encaixar com ajustamento autocorretivo

Utilizados para o ensino de número/numeral (ver Figura 28).

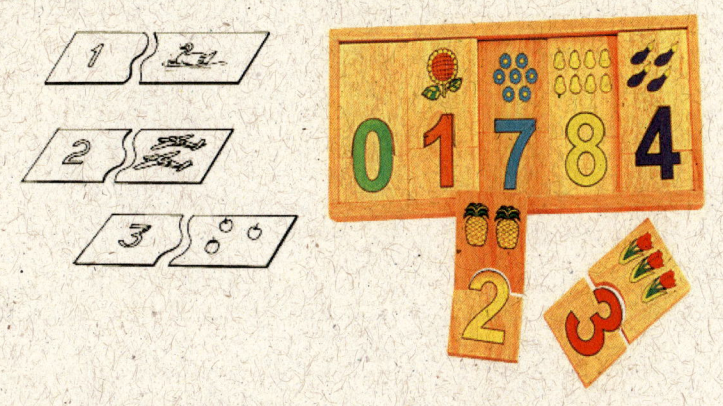

Figura 28 – Exemplificação de cartões com ajustamento autocorretivo.

Cartões para encaixar sem ajustamento autocorretivo

São utilizados para o ensino de número/numeral (ver Figura 29).

Figura 29 – Exemplificação de cartões sem ajustamento autocorretivo.

Cartões com sinais e numerais inscritos

São utilizados para o ensino das operações fundamentais (ver Figura 30).

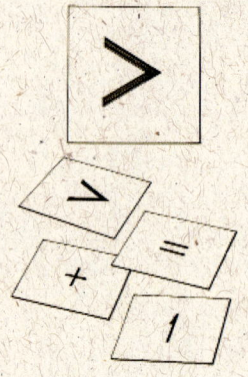

Figura 30 – Exemplificação de cartões com sinais inscritos.

Tábua de Séguin

É utilizada para o ensino do sistema de numeração decimal (ver Figura 31).

Figura 31 – Exemplificação da tábua de Séguin.

Caderno com folhas divididas em três partes

É utilizado para o ensino da automatização das operações fundamentais: tabuada (ver Figura 32).

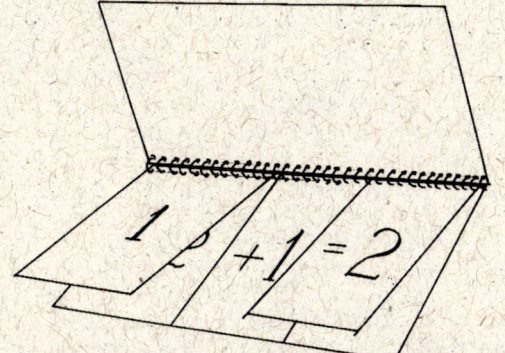

Figura 32 – Exemplificação de caderno confeccionado para o ensino das operações fundamentais.

Quadro para adição

Material utilizado para o treino adição (ver Figura 33).

Cetenas	Dezenas	Unidades
	▯▯	▯▯▯▯
	▯	▯▯
	3	6

Figura 33 – Exemplificação da utilização do quadro para efetuar a adição.

Material para o ensino da automatização das operações fundamentais

É utilizado para o ensino da automatização das operações (ver Figura 34).

Figura 34 – Exemplificação do material utilizado para efetuar as operações fundamentais.

Material para o ensino da adição e subtração

É utilizado para o ensino da automatização da soma e subtração (ver Figura 35).

Figura 35 – Exemplo do material para a automatização da soma e subtração.

Material para o Ensino da Multiplicação e Divisão

É um material utilizado para o ensino da automatização da multiplicação e divisão (ver Figura 36).

Figura 36 – Exemplo do material para a automatização da multiplicação e divisão.

Material para o ensino das figuras geométricas

É utilizado para o ensino das figuras geométricas (ver Figura 37).

Figura 37 – Material utilizado para o ensino das figuras geométricas.

3
UM PROCEDIMENTO PARA O ENSINO DA MATEMÁTICA PARA O DEFICIENTE INTELECTUAL: PROGRAMAÇÃO INDIVIDUALIZADA

Na presente obra, anteriormente, foi mencionada a existência de três grandes enfoques teóricos que tratam do processo ensino/aprendizagem: o humanístico, o cognitivista e o comportamentalista que influenciam as diversas práticas educacionais através da aplicação de métodos, técnicas e procedimentos de ensino.

Especificamente, no enfoque comportamental, as mais conhecidas aplicações educacionais são a instrução programada e o Sistema de Instrução Personalizada. Esse sistema – Personalized System of Instruction, PSI – (KELLER, 1962; 1972; 1973 e 1982 e KELLER, BORI E AZZI, 1964) tem como características:

1. O aspecto de progredir no próprio ritmo, que permite ao aluno passar pelo curso numa velocidade compatível com a sua habilidade e outras exigências do momento.

2. O requisito da perfeição da unidade para avançar, que permite que um aluno prossiga em um material novo apenas depois de demonstrar domínio do material que o precedeu.

3. O uso de palestras e demonstrações como veículos de motivação, ao invés de fontes de informação fundamental.

4. A ênfase na palavra escrita na comunicação professor-aluno.

5. O uso de monitores que permite testagens repetidas, avaliações imediatas, tutela quase inevitável e um aumento acentuado no aspecto sócio-pessoal do processo educacional (KELLER, 1972, p.209).

O estudo sobre a aplicabilidade do PSI foi realizado no ensino universitário, especificamente nas aulas do Curso de Psicologia da Universidade de Brasília (KELLER, BORI E AZZI, 1964 e KELLER, 1972 e 1982).

No Brasil, a aplicabilidade do PSI foi objeto de estudos, ainda, em outras áreas do ensino universitário (NALE, 1973; MOREIRA, 1973; IIDA, SANTORO, SEVÁ, FONSECA e SALIBY, 1978; REBELLATO, 1986 e MARQUES, 1990, e outros estudos não publicados) e os resultados têm demonstrado sua validade. Nesses estudos pode-se notar uma tendência dos programadores em procurar trabalhar em nível de objetivos para que o aluno possa adquirir habilidades necessárias de acordo com sua competência. Assim, com os objetivos bem definidos, o programador seleciona as condições de aprendizagem necessárias para a aquisição de cada comportamento.

A aplicabilidade do PSI também foi estudada em outros níveis de ensino. Por exemplo, pode ser mencionado o estudo realizado por Leite (1980) em nível de ensino de

1º grau (ensino fundamental) na área de alfabetização: os resultados favoráveis confirmaram a validade da utilização da programação de ensino neste nível de ensino. Na pré-escola também foram realizados estudos sobre a aplicabilidade da programação de ensino, como os de Teixeira (1983 e 1991), apresentando resultados expressivos.

Segundo o próprio Keller (1982), o PSI tem sido aplicado em diversos países e em vários campos, além daquele de educação formal. Como exemplo pode ser citado o estudo realizado por Brock, Relong e McMichall (1975) sobre a aplicabilidade do PSI para o ensino de marinheiros.

No campo da Educação Especial, o trabalho realizado por Costa (1984 e 1986) e Galindo, Bernal, Hinojosa, Galguera, Taracena e Padilla (1986) mostra a utilização de programas de ensino para deficientes intelectuais. Quanto aos deficientes auditivos também foram realizados estudos sobre a aplicabilidade de programas de ensino como os de Costa (1992 e 1994), Pinheiro (1994) e Miron (1995).

O conhecimento de parte da literatura sobre o emprego do PSI, suas características e os resultados descritos levou a autora do presente trabalho a optar por esse procedimento para ensinar a matemática para alunos com deficiência intelectual porque:

1. permite que o aluno possa progredir no seu próprio ritmo, ou seja, passar pelo aprendizado em uma velocidade compatível com a sua habilidade e de outras exigências de seu momento;

2. facilita as aproximações sucessivas, ou seja, a sequência do ensino a ser colocado de maneira simplificada, sempre obedecendo a uma graduação progressiva de dificuldades; e

3. favorece o reforçamento/correção imediata do desempenho do aluno facilitando, assim, a aquisição por parte deste.

Entretanto, a elaboração de um programa de ensino, conforme Botomé (1980), é uma tarefa bastante complexa porque exige do profissional um conhecimento profundo das características específicas da população a qual se destina.

Ainda, além deste conhecimento, é fundamental que o profissional conheça quais comportamentos são relevantes para instalar com a programação.

Para construir um programa, deve-se observar a seguinte sequência:

- "Justificar a relevância do(s) objetivo(s) terminal(is) de um programa de ensino em relação aos aprendizes do programa.
- Analisar o(s) objetivo(s) terminal(is) em seus componentes intermediários necessários para sua consecução.
- Organizar os objetivos intermediários resultantes da análise em uma sequência para ensino.
- Planejar atividades de ensino para a aprendizagem de cada um dos objetivos intermediários da sequência.

- Organizar as atividades planejadas para ensino em unidades ou passos a serem realizados pelo aprendiz.
- Planejar o procedimento de avaliação da eficácia de um programa de ensino.
- Organizar o material a ser utilizado pelos aprendizes nas diferentes unidades do programa.
- *Redigir instruções para cada unidade de trabalho do aprendiz em um programa de ensino.*
- *Planejar o(s) procedimento(s) de avaliação do desempenho do aprendiz.*
- *Redigir apresentação de um programa de ensino contendo objetivos, recursos, procedimentos e sistema de avaliação do programa.*
- *Comunicar e examinar programas de ensino sob forma comportamental"* (BOTOMÉ, 1980, p. 240).

Analisando a sequência para construir um programa, infere-se que o professor deverá conhecer **o que, para que** e **como** ensinar, planejando cada passo. Se o aluno não aprender, então não houve ensino, ou seja, o que foi ensinado não estava de acordo com o repertório do aluno. Portanto, saber o repertório do aluno é o ponto fundamental para elaborar o programa de ensino.

4
O PROGRAMA DE ENSINO

O Programa para ensinar iniciação à matemática para o aluno com deficiência intelectual compreende seis classes de comportamentos terminais indicados no Quadro 1.

Quadro 1– Classes de comportamentos terminais do Programa

> 1. Realizar agrupamentos
> 2. Realizar relações de quantificação
> 3. Registrar quantidades
> 4. Realizar relações entre quantidades
> 5. Realizar medidas
> 6. Realizar classificações geométricas

Obviamente cada classe de comportamento terminal implica formulação de objetivos intermediários e estes, por sua vez, são analisados em classes de comportamentos mais específicos.

Assim, para o ensino da classe de comportamento terminal **realizar agrupamentos**, o Quadro 2 apresenta os objetivos intermediários e as classes de comportamentos mais específicos que poderão ser programados.

Quadro 2 – Classe de comportamento terminal, objetivos intermediários e classes de comportamentos mais específicos programados para ensinar agrupamentos.

Comportamento terminal	Objetivos Intermediários	Classes de Comportamentos mais Específicos
1.Realizar agrupamentos	1.1. Realizar agrupamentos de objetos que possuem características comuns	1.1.1. Agrupar objetos que possuem a mesma cor
		1.1.2. Agrupar objetos que possuem a mesma forma
		1.1.3. Agrupar objetos que possuem o mesmo tamanho
		1.1.4. Agrupar objetos que possuem a mesma espessura
	1.2. Representar o agrupamento	1.2.1. Identificar agrupamentos com um elemento
		1.2.2. Separar sub-agrupamentos
	1.3. Realizar relações entre agrupamentos	1.3.1. Realizar pertinência entre agrupamentos
		1.3.2. Identificar inclusão entre agrupamentos
		1.3.3. Realizar comparação entre agrupamentos
	1.4. Identificar tipos de agrupamentos	1.4.1. Nomear tipos de agrupamentos
		1.4.2 Classificar tipos de agrupamentos
	1.5. Realizar operações entre agrupamentos	1.5.1. Realizar a reunião entre agrupamentos
		1.5.2. Identificar a intersecção entre agrupamentos

O Quadro 3 apresenta os objetivos intermediários e as classes de comportamentos mais específicos para o ensino da classe de comportamento terminal **realizar relações de quantificação.**

Quadro 3 – Classe de comportamento terminal, objetivos intermediários e classes de comportamentos mais específicos programados para ensinar relações entre quantificações.

Comportamento terminal	Objetivos intermediários	Classes de comportamentos mais específicos
2. Realizar relações de quantificação	2.1. Comparar agrupamentos	2.1.1. Identificar o agrupamento que tem mais elementos
		2.1.2. Identificar o agrupamento que tem menos elementos
		2.1.3. Identificar o agrupamento que tem a mesma quantidade
		2.1.4. Identificar o agrupamento que tem um elemento a mais
		2.1.5. Identificar o agrupamento que tem um elemento a menos

Para o ensino da classe de comportamento terminal, **registrar quantidades,** os objetivos intermediários e as classes de comportamentos mais específicos encontram-se indicados no Quadro 4.

Quadro 4 – Classe de comportamento terminal, objetivos intermediários e classes de comportamentos mais específicos programados para ensinar o registro de quantidades.

Comportamento terminal	Objetivos intermediários	Classes de comportamentos mais específicos
3. Registrar quantidades	3.1. Identificar quantidades	3.1.1. Separar quantidades
		3.1.2. Organizar quantidades
	3.2. Nomear quantidades	3.2.1. Nomear quantidades separadas
		3.2.2. Nomear quantidades organizadas
	3.3. Grafar quantidades	3.3.1. Grafar numerais

O ensino da classe de comportamento terminal **realizar relações entre quantidades** e os objetivos intermediários e as classes de comportamentos mais específicos estão indicados no Quadro 5.

Quadro 5 – Classe de comportamento terminal, objetivos intermediários e classes de comportamentos mais específicos programados para ensinar relações entre quantidades.

Comportamento terminal	Objetivos intermediários	Classes de comportamentos mais específicos
4. Realizar relações entre quantidades	4.1. Realizar operações	4.1.1. Juntar quantidades para formar uma quantidade maior
		4.1.2. Tirar quantidades de uma quantidade maior (idéia subtrativa)
		4.1.3. Colocar quantidades para formar uma quantidade dada (idéia aditiva)
		4.1.4. Comparar agrupamentos para que fiquem com a mesma quantidade (idéia comparativa)
		4.1.5. Repetir grupos com a mesma quantidade
		4.1.6. Repartir quantidades para que cada grupo fique com a mesma quantidade.
		4.1.7. Distribuir grupos com a mesma quantidade

O ensino da classe de comportamento terminal com respectivos objetivos intermediários e classes de comportamentos mais específicos para **realizar medidas** encontram-se indicadas no Quadro 6.

Quadro 6 – Classe de comportamento terminal, objetivos intermediários e classes de comportamentos mais específicos programados para ensinar medidas.

Comportamento terminal	Objetivos intermediários	Classes de comportamentos mais específicos
5. Realizar medidas	5.1. Identificar instrumentos de medida de tempo	5.1.1. Construir ampulheta
		5.1.2. Manusear o relógio digital
		5.1.3. Manusear o relógio analógico
	5.2. Realizar a medida do tempo	5.2.1. Identificar horas
		5.2.2. Identificar minutos
		5.2.3. Identificar segundos
	5.3. Identificar medidas arbitrárias de grandeza	5.3.1. Realizar medidas utilizando o palmo
		5.3.2. Realizar medidas utilizando o passo
		5.3.3. Realizar medidas utilizando o pé
		5.3.4. Realizar medidas utilizando a polegada
	5.4. Identificar medidas padrão de grandeza	5.4.1. Realizar medida utilizando o metro
	5.5. Identificar medidas arbitrárias de massa	5.5.1. Realizar medida utilizando a xícara
		5.5.2. Realizar medida utilizando o copo
		5.5.3. Realizar medida utilizando o punhado
	5.6. Identificar a medida padrão de massa	5.6.1. Realizar medida utilizando o grama
	5.7. Identificar medidas arbitrárias de capacidade	5.7.1. Realizar medida utilizando recipiente de plástico
		5.7.2. Realizar medida utilizando o copo
		5.7.3. Realizar medida utilizando a garrafa
	5.8. Identificar a medida padrão de capacidade	5.8.1. Realizar medida utilizando o litro

Para o ensino da classe de comportamento terminal, **realizar classificações geométricas**, os objetivos intermediários e classes de comportamentos mais específicos encontram-se indicados no Quadro 7.

Quadro 7 – *Classe de comportamento terminal, objetivos intermediários e classes de comportamentos mais específicos para ensinar classificações geométricas.*

Comportamento terminal	Objetivos intermediários	Classes de comportamentos mais específicos
6. Realizar classificações geométricas	6.1. Identificar formas geométricas encontradas na natureza	6.1.1. Comparar formas geométricas semelhantes
		6.1.2. Comparar formas geométricas diferentes
	6.2. Identificar formas geométricas nos objetos construídos pelos homens	6.2.1. Comparar formas geométricas semelhantes
		6.2.2. Comparar formas geométricas diferentes
	6.3. Identificar figuras planas	6.3.1. Comparar semelhanças entre figuras planas
		6.3.2. Comparar diferenças entre figuras planas
	6.4. Classificar os sólidos geométricos	6.4.1. Identificar os sólidos geométricos de acordo com a sua superfície plana
		6.4.2. Identificar os sólidos geométricos de acordo com a superfície curva
	6.5. Classificar as figuras planas	6.5.1. Identificar as figuras planas (quadrados, retângulos, triângulos e círculos)

5. PROCEDIMENTO PARA APLICAÇÃO DO PROGRAMA

Inicialmente deve-se procurar avaliar se o aluno possui no repertório comportamentos necessários para a aquisição da matemática.

Após verificar se o aluno possui o repertório comportamental considerado adequado para iniciar a aquisição da matemática, passa-se à aplicação do programa.

A seguir serão descritos procedimentos para o ensino da contagem e numeração e das operações fundamentais com números naturais.

CONTAGEM E NUMERAÇÃO

Para o ensino da contagem e numeração, o procedimento será descrito em dois momentos. No momento inicial será descrito o procedimento para o ensino da grafia dos numerais e, no segundo momento, tarefas para a aquisição da contagem e numeração. Entretanto, a sua execução deverá ocorrer simultaneamente.

LEITURA E GRAFIA DE 1 ATÉ 9
ENSINO DO NÚMERO/NUMERAL 1

Procedimento para o ensino da grafia
Posição: Plano Vertical

1º passo: Cordão (barbante)/espuma/dedo

1. Colocar o cartão com o numeral **1** com a grafia confeccionada em espuma ou barbante (ver Figura 38) na posição vertical.

Figura 38 – *Exemplificação do cartão e do caderno com a grafia do numeral* **1** *(em espuma e barbante).*

2. Pegar o dedo indicador da mão preferida do aluno (ajuda física total), ajudando-o a passar a ponta do dedo, deslizando-a, ora sobre a grafia do numeral 1, na espuma, ora sobre o barbante (cordão), alternativamente, várias vezes (estimulação tátil, visual, sinestésica).

3. Falar, concomitantemente, o som da palavra "um" (movimento do aparelho fonador – estimulação visual, sinestésica; emissão do som – estimulação auditiva) durante o deslocamento da ponta do dedo do aluno sobre a extensão da grafia do numeral. Retirar estes estímulos gradualmente.

4. Executar o movimento várias vezes de forma lúdica.

5. Considerar o critério de cinco respostas corretas consecutivas no mínimo.
6. Prosseguir no treinamento da outra tentativa (ajuda física parcial). Tocar, levemente, na mão do aluno no momento em que ele colocar a ponta do dedo sobre o ponto inicial da grafia do numeral 1 (confeccionada em espuma ou em barbante). Direcionar discretamente a mão do aluno à medida que a ponta do dedo se deslocar sobre a grafia do numeral 1.
7. Repetir o procedimento descrito nos itens 3 e 4, e considerar o critério indicado no item 5.
8. Prosseguir o treinamento na tentativa seguinte: demonstração. Passar o dedo sobre a grafia do numeral 1 (em espuma e em barbante) e solicitar ao aluno que faça a mesma coisa.
9. Repetir o procedimento descrito nos itens 3 e 4 e considerar o mesmo critério.
10. Treinar a próxima tentativa: ordem verbal. Falar para o aluno "Passe o dedo indicador sobre *1* ".
11. Repetir o procedimento descrito nos itens 3 e 4 e considerar o critério indicado no item 5.

2º passo: Lousa/giz

1. Colocar o giz na mão preferida do aluno.
2. Pegar a mão preferida do aluno, ajudando-o a percorrer, com o giz o traçado do numeral *1* (conforme indica o traçado na Figura 38), previamente executado na lousa (ajuda física total).

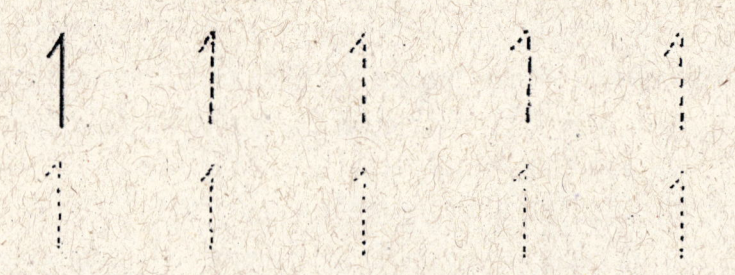

Figura 38 – Exemplificação do traçado utilizado para o ensino da grafia do numeral 1 com a retirada gradual da ajuda (estimulação visual) pelo procedimento de 'fading-out'.

3. Falar, concomitante, o som da palavra "um" durante o deslocamento da ponta do giz sobre o traçado pontilhado do numeral *1*.

4. Seguir o mesmo procedimento conforme o que prescreve os itens 4 e 5 do 1º passo.

5. Prosseguir o treinamento utilizando a tentativa (ajuda física parcial). Direcionar, levemente, a mão do aluno, à medida que a ponta do giz deslocar-se sobre o traçado do pontilhado, seguindo o mesmo procedimento dos itens 3, 4 e 5 do 1º passo.

6. Passar ao treinamento da tentativa demonstração. Traçar com o giz sobre o pontilhado do numeral *1* grafado na lousa. Solicitar ao aluno que faça a mesma coisa.

7. Repetir o procedimento dos itens 3, 4 e 5 do 1º passo.

Posição: Plano Inclinado

3º passo: Cordão/espuma/dedo

1. Colocar o cartão com o numeral **1**, confeccionado em espuma, de modo a formar um ângulo de 45º com a superfície da mesa.

2. Colocar, igualmente, o caderno de desenho grande, aberto na página do numeral **1**, também na posição vertical.

3. Repetir o procedimento utilizado no 1º passo.

Posição: Plano Horizontal

4º passo: Cordão/espuma/dedo

1. Colocar o cartão com o numeral **1**, confeccionado em "espuma", sobre a mesa.

2. Colocar, igualmente, o caderno de desenho grande aberto na página do numeral **1**, também, sobre a mesa.

3. Repetir o procedimento utilizado no 1º passo.

5º passo: Papel/giz de cera ou lápis

1. Colocar o papel sulfite (tamanho ofício) sobre a mesa.

2. Colocar o giz de cera ou lápis na mão preferida do aluno.

3. Pegar a mão do aluno, ajudando-o a percorrer o traçado do numeral **1**, conforme Figura 38 (ajuda física total).

4. Falar, concomitantemente, o som da palavra "um" durante o deslocamento da ponta do giz de cera ou lápis sobre o tracejado do numeral **1**.

5. Repetir o procedimento utilizado no 1º passo.

6. Seguir o treinamento aplicando a ajuda física parcial. Direcionar, levemente, a mão do aluno, à medida que a ponta do giz de cera ou lápis desloca-se sobre o pontilhado (ver Figura 38).

7. Passar ao treinamento utilizando a demonstração. Traçar com o giz de cera ou lápis sobre o pontilhado do

numeral 1 existente no papel. Solicitar ao aluno que faça a tarefa igualmente à demonstrada.

8. Passar para a última tentativa deste passo: ordem verbal. Dizer para o aluno: "Escreva 1".
9. Falar, concomitantemente, o som da palavra "um", durante o deslocamento do giz de cera ou lápis sobre o traçado do pontilhado do numeral 1.
10. Proceder de acordo com a orientação contida no 1º passo.

Embora este procedimento favoreça a aquisição, por parte do aluno, da leitura/grafia do numeral 1, o professor ainda deve aplicar as tarefas complementares a seguir indicadas.

TAREFAS COMPLEMENTARES
Procedimento para o ensino da contagem

TAREFA 1: Identificação da quantidade um
- Colocar sobre a mesa vários objetos (por exemplo: lápis).
- Solicitar ao aluno: "Pegue um lápis".
- Reforçar a resposta correta emitida pelo aluno.
- Repetir o procedimento com outros objetos.

TAREFA 2: Identificação do numeral *1*
- Colocar cinco cartões (10 por 8 cm), confeccionados em papel cartolina de cor branca, sobre a mesa. Cada cartão deve conter um numeral (1, 2, 3, 4 e 5) grafado com caneta hidrográfica, proporcional ao tamanho do cartão.

- Dispor os cartões na sequência a seguir indicada:

| 2 | 5 | 4 | 5 | 3 |

- Solicitar ao aluno "Pegue o cartão com o numeral **1**".

3	1	4	5	2
1	2	5	3	4
5	3	1	4	2
4	5	3	2	1

- Reforçar imediatamente a resposta adequada do aluno.
- Alternar mais quatro vezes a disposição dos cartões, conforme as indicações a seguir:

Nesta tarefa, apesar de se solicitar a identificação do numeral *1*, são colocados outros numerais (2, 3, 4 e 5) desconhecidos para o aluno. Isto porque o numeral *1*, elemento já conhecido do aluno passa a ser **figura** e os outros numerais **fundo**.

TAREFA 3: Ligação do numeral *1* com o correspondente, através de um traço
- Grafar do lado esquerdo de uma folha de papel (14 x 22 cm) o numeral *1* e, do lado direito, uma coluna contendo o numeral *1* e outros numerais, conforme o exemplo a seguir:

1	2
	3
	5
	1
	4

- Solicitar ao aluno: "Ligue o numeral *1* com o numeral *1*".
- Reforçar imediatamente a resposta correta.
- Alterar mais quatro vezes a posição do numeral *1* na coluna da direita, conforme as disposições indicadas a seguir.

1	1
	4
	2
	3
	5

1	5
	1
	4
	3
	2

1	3
	5
	1
	4
	2

1	4
	3
	5
	2
	1

As alternativas são sugeridas no procedimento para garantir a identificação do numeral pelo aluno em qualquer localização. Caso isto seja omitido, outras variáveis, como local ou posição, poderão controlar a resposta do aluno.

Ainda sobre esta tarefa, o professor deverá sempre observar onde o aluno inicia o traçado: do lado esquerdo para o direito. Isto se fundamenta no fato de que a leitura/escrita da língua portuguesa é realizada da esquerda para a direita. Obviamente, ao realizar as tarefas, os movimentos oculares para a realização da leitura/escrita também estão sendo treinados (ARAÚJO, 1972).

TAREFA 4: Identificação de um conjunto constituído de um elemento (objeto) com o numeral *1:*

- Colocar sobre a mesa conjuntos de objetos, variando a quantidade (três carrinhos vermelhos, cinco carrinhos vermelhos, dois carrinhos vermelhos, um carrinho vermelho).
- Dar ao aluno o cartão com o numeral *1* grafado.
- Solicitar ao aluno: "Coloque o cartão com o numeral *1* junto ao conjunto que indica a quantidade um".
- Reforçar a resposta adequada.
- Modificar a localização dos conjuntos (umas quatro vezes) sempre realizando a mesma solicitação ao aluno: "Coloque o cartão com o numeral *1* junto ao conjunto que indica a quantidade um".
- Reforçar cada resposta adequada.

TAREFA 5: Ligação do desenho ou figura representando um conjunto constituído de um elemento com o numeral *1*, através de um traço:

- Desenhar ou colar a figura do lado esquerdo de uma folha de papel (14 x 22 cm) um conjunto constituído de um elemento e, do lado direito, uma coluna contendo os numerais conforme o exemplo a seguir.

	2 4 1 5 3

- Solicitar ao aluno: "Ligue desenho do conjunto com um elemento com o numeral *1*".
- Reforçar a resposta correta.
- Repetir mais quatro vezes a tarefa alternando a posição do numeral *1* na coluna da direita a fim de garantir que a variável localização não controle a resposta do aluno.

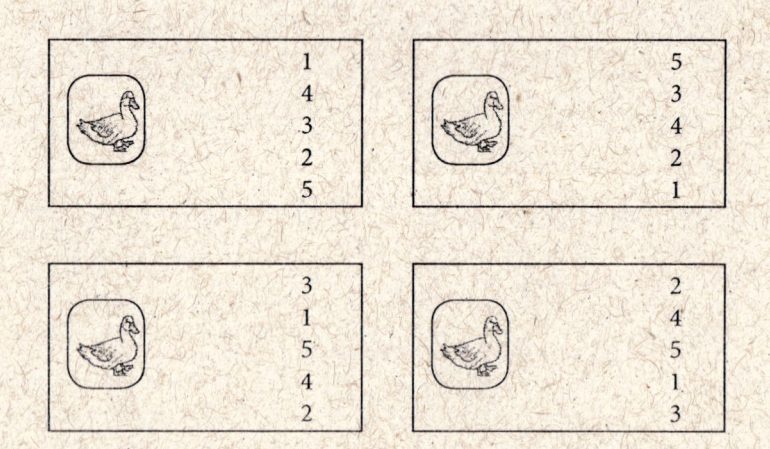

	1 4 3 2 5		5 3 4 2 1

	3 1 5 4 2		2 4 5 1 3

TAREFA 6: Ligação do numeral *1* com o desenho ou figura representando um conjunto constituído de um elemento, através de um traço.

- Grafar do lado esquerdo do papel (14 x 22 cm) uma coluna contendo os numerais 1, 2, 3, 4 e 5 e desenhar ou colar a figura do lado direito representando um conjunto constituído de um elemento conforme o exemplo a seguir:

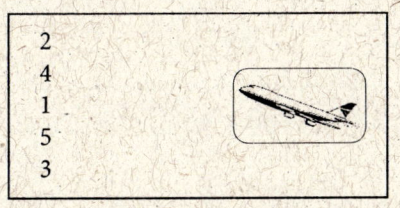

```
2
4
1
5
3
```

- Solicitar ao aluno: "Ligue o numeral *1* com o conjunto".
- Reforçar a resposta correta.
- Repetir mais quatro vezes a tarefa, alternando a posição do numeral *1* na coluna para evitar que a variável localização controle a resposta do aluno.

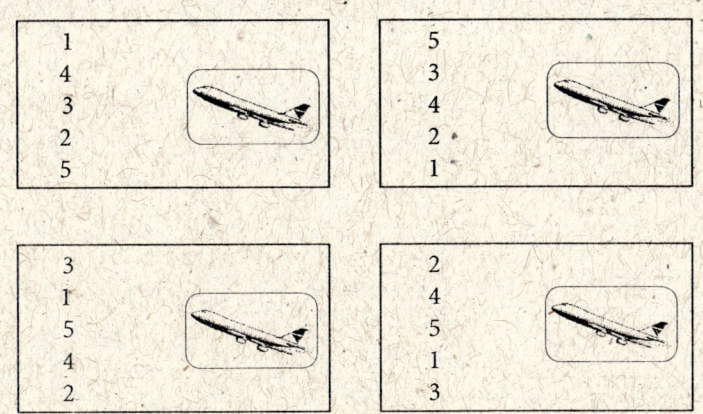

```
1        5
4        3
3        4
2        2
5        1

3        2
1        4
5        5
4        1
2        3
```

TAREFA 7: Grafia do numeral *1* copiando do modelo
- Utilizar o mesmo cartão da Tarefa 2.
- Aplicar esta tarefa sob duas formas:
a) colocar o cartão afixado na lousa e solicitar ao aluno que faça a cópia no papel disposto sobre a mesa (transposição do estímulo visual do plano vertical para o plano horizontal); e
b) colocar o cartão sobre a mesa e solicitar ao aluno que faça a cópia (transposição do estímulo visual do plano horizontal para o plano horizontal).
- Solicitar ao aluno que copie cinco vezes.
- Reforçar a resposta adequada do aluno.

TAREFA 8: Grafia do numeral *1* após ouvir o som da palavra um:
- Dar ao aluno papel, giz de cera ou lápis grafite.
- Dizer: "Vou falar e você vai escrever".
- Apontar para o papel, indicando o local onde o aluno deverá grafar (ângulo superior esquerdo) e falar: "Aqui".
- Falar: "Um".
- Esperar que o aluno grafe no papel o numeral *1*.
- Reforçar a resposta adequada emitida pelo aluno.
- Repetir mais quatro vezes o mesmo procedimento.

Esta tarefa tem como finalidade treinar o aluno a escrever, utilizando apenas o estímulo sonoro (é a atividade comumente chamada *ditado*).

TAREFA 9: Grafia do numeral *1* ao lado do desenho do conjunto constituído de um elemento

- Desenhar na folha de papel (14 x 22 cm) um conjunto constituído de um elemento e, saindo do traçado que limita o conjunto, representado por uma linha curva fechada, um traçado reto com uns 2 cm de comprimento, tendo no final o desenho de um quadrado para que o aluno possa grafar o numeral *1* conforme o exemplo a seguir:

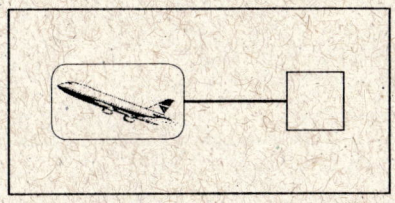

- Solicitar ao aluno: "Escreva o numeral *1*" e, em seguida, apontando para o local, falar: "Aqui".
- Reforçar a resposta correta.
- Apresentar mais quatro alternativas ao aluno, substituindo os desenhos.

TAREFA 10: Desenho de um conjunto constituído de um elemento ao lado da grafia do numeral *1*

- Grafar na folha de papel (14 x 22 cm) um quadrado com o numeral *1* inscrito, conforme o exemplo a seguir:

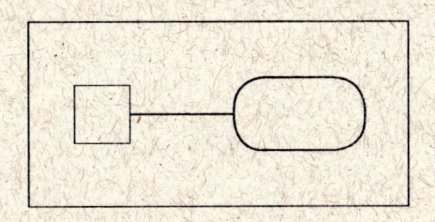

- Solicitar ao aluno: Desenhe um conjunto com um elemento, apontando para o local e falar: "Aqui".
- Reforçar a resposta correta.
- Repetir a solicitação mais quatro vezes pedindo, cada vez, para o aluno fazer um desenho diferente.

É importante que o aluno seja reforçado ao desenhar qualquer 'rabisco'. O professor deve observar que, devido às limitações deste aluno, muitas vezes seu desenho dificilmente é identificado, cabendo ao professor, portanto, fazer indagações como "O que você desenhou?" e escrever ao lado a informação dada pelo aluno.

Após a execução destas tarefas, conclui-se que o aluno executou atividades envolvendo comportamentos de leitura, escrita e contagem sob aspectos separados como:

a) leitura:

Exemplo – ler nos cartões o numeral *1*

b) escrita:

Exemplos: – grafar o numeral 1 copiando do cartão;
- grafar o numeral *1* após ouvir o som da palavra.

c) contagem

Exemplo: – contar a quantidade um

A seguir será apresentada a relação das dez tarefas para o ensino do número/numeral 1:

1 - Identificação da quantidade **um**.

2 - Identificação do numeral *1*.

3 - Ligação do numeral *1* com o correspondente, através de um traço.

4 - Identificação de um conjunto constituído de um elemento (objeto) com o numeral *1*.

5 - Ligação do desenho ou figura representando um conjunto constituído de um elemento com o numeral *1*, através de um traço.

6 - Ligação do numeral *1* com o desenho ou figura representando um conjunto constituído de um elemento, através de um traço.

7 - Grafia do numeral *1* copiando do modelo.

8 - Grafia do numeral *1* após ouvir o som da palavra **um**.

9 - Grafia do numeral *1* ao lado do desenho do conjunto constituído de um elemento.

10 - Desenho de um conjunto constituído de um elemento ao lado da grafia do numeral *1*.

O procedimento descrito para o ensino do número/numeral *1* deverá ser aplicado sob forma lúdica utilizando brinquedos adequados à manipulação pelo aluno. Obviamente, o professor deverá criar outras atividades para que o aluno faça suas aquisições.

ENSINO DO NÚMERO/NUMERAL 2
Procedimento para o ensino da grafia

Executar o mesmo procedimento utilizado para o ensino da grafia do numeral *1* nos três planos: vertical, inclinado e horizontal e aplicar as tarefas complementares a seguir indicadas:

TAREFAS COMPLEMENTARES
Procedimento para ensino da contagem

TAREFA 1: Identificação da quantidade dois
- Aplicar o mesmo procedimento usado para a Tarefa 1 do Ensino do Número/numeral **1**.

TAREFA 2: Identificação do numeral **2**
- Aplicar procedimento semelhante ao da Tarefa 2 do Ensino do Número/numeral **1**.

TAREFA 3: Ligação do numeral **2** com o correspondente através de um traço
- Aplicar o mesmo procedimento usado para a Tarefa 3 do Ensino do Número/numeral **1**.

TAREFA 4: Ligação dos numerais **1** e **2** da coluna da esquerda, através de um traço, com o correspondente na coluna da direita
- Usar o mesmo procedimento da Tarefa 3 aplicando as quatro alternativas exemplificadas a seguir:

2 2		2 1
1 1		1 2

1 2		1 1
2 1		2 2

Estas alternativas são sugeridas para evitar que o aluno emita a resposta controlada pela localização do numeral grafado no papel. O professor deverá observar que, se o aluno acertar 50%, automaticamente acertará 100%.

TAREFA 5: Identificação de um conjunto constituído de dois elementos (objetos) com o numeral **2**
- Executar o mesmo procedimento descrito na Tarefa 4 do ensino do Número/numeral **1**.

TAREFA 6: Identificação de dois conjuntos: um constituído de um elemento e o outro de dois elementos com os respectivos numerais
- Aplicar o procedimento semelhante à Tarefa 5 apenas colocando sobre a mesa dois conjuntos: um com um elemento (à esquerda do aluno) e outro com dois elementos (à direita do aluno) e, em seguida, após a resposta correta do aluno, inverter a disposição dos conjuntos para garantir que a resposta não foi controlada pela localização dos objetos (conjuntos).

TAREFA 7: Ligação do desenho de um conjunto constituído de dois elementos com o numeral **2** através de um traço
- Usar o mesmo procedimento da Tarefa 6 do ensino do número/numeral **1**.

TAREFA 8: Ligação dos desenhos de conjuntos constituídos, respectivamente, de um e dois elementos com os numerais correspondentes: 1 e 2

- Aplicar o mesmo procedimento da Tarefa 7 utilizando as quatro alternativas indicadas a seguir:

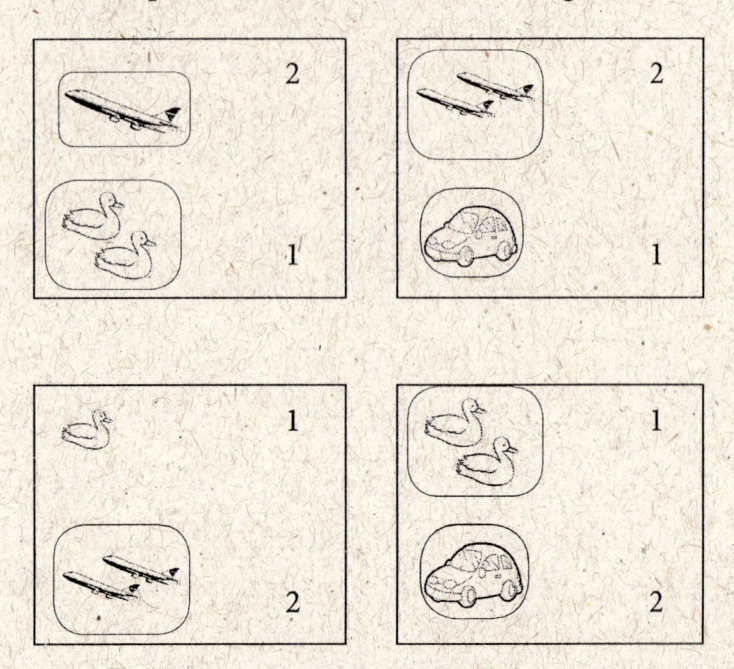

TAREFA 9: Ligação do numeral **2** com o desenho de um conjunto constituído de dois elementos, através de um traço
- Executar o procedimento semelhante ao da Tarefa 6 do Ensino do Número/ numeral **1**.

TAREFA 10: Ligação dos numerais **1** e **2** com os desenhos de conjuntos constituídos de um e dois elementos respectivamente, através de um traço
- Usar o mesmo procedimento da Tarefa 9, aplicando as quatro alternativas conforme exemplo a seguir:

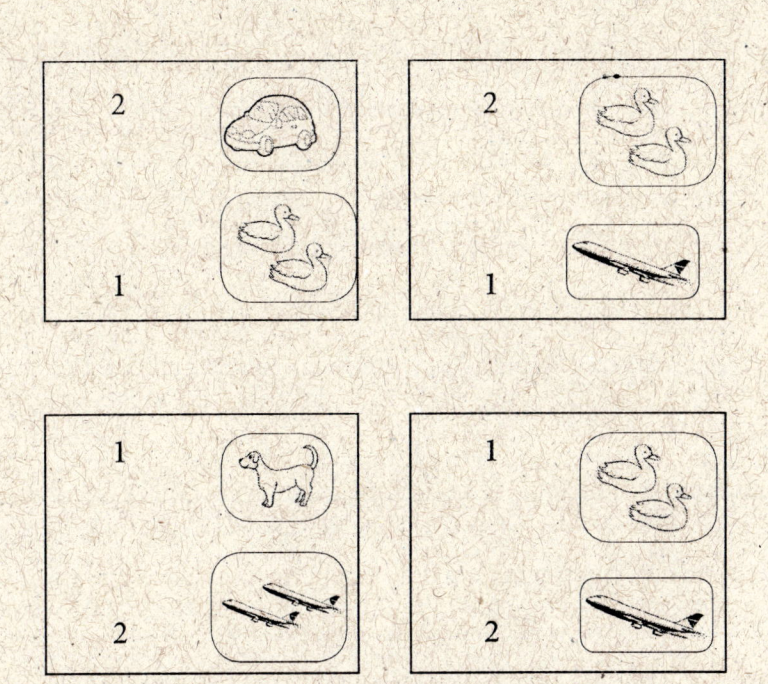

TAREFA 11: Grafia do numeral **2** copiando do modelo
- Executar o mesmo procedimento da Tarefa 7 do Ensino do Número/numeral **1**.

TAREFA 12: Grafia dos numerais **1** e **2** copiando do modelo
- Proceder aplicando o Treino semelhante ao da Tarefa 11 realizando as duas alternativas possíveis, ou seja, na primeira, a seguinte ordem 1 e 2 e, na segunda, 2 e 1.

TAREFA 13: Grafia do numeral **2** após ouvir o som da palavra dois
- Executar o mesmo procedimento utilizado na Tarefa 8 do Ensino do Número/numeral **1**.

TAREFA 14: Grafia dos numerais **1** e **2** após ouvir os sons das respectivas palavras: um e dois
- Aplicar o mesmo procedimento da Tarefa 13 realizando as duas alternativas possíveis: na primeira, falar "Um e dois" e, na segunda, "Dois e um".

TAREFA 15: Grafia do numeral **2** ao lado do desenho ou figura de um conjunto constituído de dois elementos
- Usar o procedimento semelhante ao da Tarefa 9 do Ensino do Número/numeral **1**.

TAREFA 16: Grafia dos numerais **1** e **2** ao lado dos desenhos ou figuras de um conjunto constituído de um elemento e, de outro, constituído de dois elementos
- Aplicar o procedimento semelhante ao da Tarefa 15, apenas alternando, conforme as duas opções indicadas a seguir:

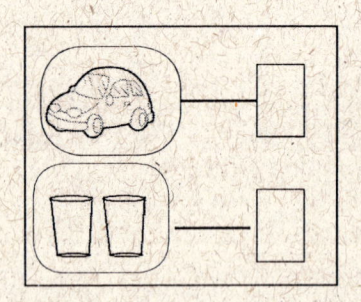

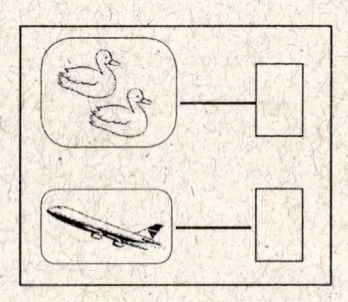

TAREFA 17: Desenho ou confecção com figuras de um conjunto constituído de dois elementos ao lado da grafia do numeral 2
- Realizar o procedimento semelhante ao da tarefa 10 do Ensino do Número/numeral **1**.

TAREFA 18: Desenho ou confecção com figuras de dois conjuntos constituídos de um e dois elementos, respectivamente, ao lado da grafia dos numerais 1 e 2
- Executar o mesmo procedimento da Tarefa 17, utilizando as duas alternativas apresentadas a seguir:

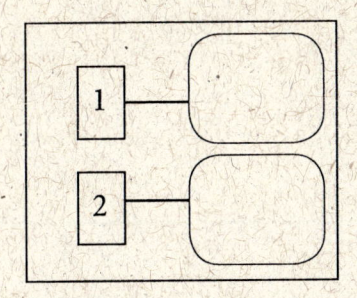

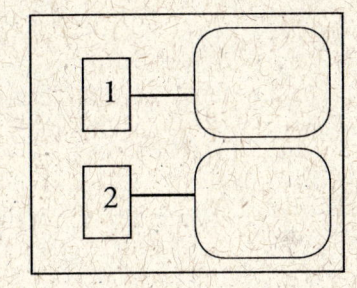

TAREFA 19: Completação da quantidade de dois em um conjunto constituído de um elemento (objeto)

Esta tarefa compreende quatro momentos. No primeiro momento aplicar o procedimento indicado a seguir:
- Colocar sobre a mesa um objeto (carrinho vermelho, por exemplo), deixando outros exemplares disponíveis em um depósito ao lado.
- Indagar ao aluno: "Quantos elementos (carrinhos) você conta neste conjunto?" e, concomitantemente, apontar para o carrinho sobre a mesa.
- Reforçar a resposta correta emitida pelo aluno.
- Solicitar ao aluno: "Agora complete este conjunto de modo que fique com dois elementos (carrinhos)" (idéia aditiva da subtração) e, concomitantemente, indicar o depósito sobre a mesa para o aluno poder dispor do conteúdo para completar o conjunto.

- Reforçar a resposta correta emitida pelo aluno, ou seja, se ele pegar o carrinho vermelho (no caso do exemplo) e colocar próximo ao outro carrinho anteriormente mencionado.
- Indagar ao aluno: "Quantos elementos (carrinhos) você conta, agora, neste conjunto?" (idéia aditiva da subtração).
- Reforçar a resposta correta emitida pelo aluno.

O procedimento do segundo momento desta tarefa compreende o seguinte:

- Colocar sobre a mesa um carrinho vermelho (no caso do exemplo), deixando outros exemplares disponíveis em um depósito ao lado.
- Indagar ao aluno: "Quantos elementos você conta neste conjunto?" e, concomitantemente, apontar para o carrinho sobre a mesa.
- Reforçar a resposta correta emitida pelo aluno.
- Indagar ao aluno: "Quantos elementos faltam neste conjunto para completar dois elementos?" (idéia aditiva da subtração) e, ao mesmo tempo, indicar o depósito sobre a mesa para o aluno dispor do conteúdo (objetos) para completar o conjunto.
- Reforçar a resposta correta emitida pelo aluno, ou seja, se ele pegar um carrinho vermelho, colocar próximo ao outro carrinho anteriormente mencionado e falar "Um" (idéia aditiva da subtração).

Para o treinamento do terceiro momento, realizar o seguinte procedimento:

- Colocar sobre a mesa um carrinho vermelho deixando outros exemplares disponíveis em um depósito ao lado.
- Indagar ao aluno: "Quantos elementos você conta neste conjunto?" e, concomitantemente, apontar para o carrinho sobre a mesa.
- Reforçar a resposta correta emitida pelo aluno, ou seja, se ele falar "Um".
- Indagar ao aluno: "Quantos elementos faltam neste conjunto para completar dois elementos?" (idéia aditiva da subtração).
- Reforçar a resposta correta emitida pelo aluno, ou seja, se ele falar "Um" e pegar um carrinho vermelho no depósito para efetuar a completação.

Quanto ao quarto e último momento desta Tarefa 19, deverá ser realizado o seguinte procedimento:

- Colocar sobre a mesa um carrinho vermelho deixando outros exemplares disponíveis em um depósito ao lado.
- Indagar ao aluno: "Quantos elementos faltam neste conjunto para completar dois elementos?" (Dois carrinhos vermelhos?) (idéia aditiva da subtração).
- Reforçar a resposta correta emitida pelo aluno, ou seja, se ele falar "Um" e pegar um carrinho vermelho no depósito para efetuar a completação.

Treinar esta tarefa substituindo os objetos de modo que o aluno generalize, isto é, aplique a mesma resposta para quaisquer objetos.

TAREFA 20: Completação da quantidade dois no desenho ou confecção com figuras de um conjunto constituído de um elemento

Esta tarefa, como a Tarefa 19, também deverá ser ensinada em quatro momentos. Para o primeiro momento, proceder conforme a seguinte indicação:

- Desenhar no papel (tamanho 14 x 22 cm) um conjunto com um elemento, de acordo com o exemplo a seguir:

- Indagar ao aluno: "Quantos elementos você conta neste conjunto?" e, concomitantemente, apontar para o elemento desenhado (ou figura colada).
- Reforçar a resposta correta emitida pelo aluno.
- Solicitar ao aluno: "Agora complete este conjunto de modo que fique com dois elementos" (idéia aditiva da subtração) e, logo em seguida, falar: "Desenhe (ou cole a figura) aqui", apontando para o local adequado onde o aluno deverá desenhar (ou colar a figura) o elemento que falta.
- Reforçar a resposta correta emitida pelo aluno, ou seja, se ele desenhar ou colar uma figura no local indicado.
- Indagar ao aluno: "Quantos elementos tem este conjunto agora?".

- Reforçar a resposta correta emitida pelo aluno.

Quanto ao desenho executado pelo aluno, deverá ser aceito qualquer traçado emitido com aproximação grosseira do desenho indicado no conjunto.

A seguir, proceder no treinamento do segundo momento:

- Colocar sobre a mesa um papel semelhante ao descrito no primeiro momento.
- Fazer a mesma indagação: "Quantos elementos você conta neste conjunto?" e, concomitantemente, apontar para o elemento desenhado (ou figura colocada).
- Reforçar a resposta correta emitida pelo aluno.
- Indagar ao aluno: "Quantos elementos faltam neste conjunto para completar dois elementos?" e, logo em seguida, falar: "Desenhe (ou cole a figura) aqui", apontando para o local adequado onde o aluno deve desenhar o elemento que falta.
- Reforçar a resposta correta emitida pelo aluno, ou seja, se ele completar desenhando (ou colando uma figura) no local indicado e falar "Um" (idéia aditiva da subtração).
- Passar para o treinamento do terceiro momento:
- Colocar sobre a mesa papel semelhante ao exemplificado no primeiro momento.
- Fazer a indagação: "Quantos elementos você conta neste conjunto?" e, concomitantemente, apontar para o elemento desenhado (ou figura colada).
- Reforçar a resposta correta emitida pelo aluno, ou seja, se ele falar "Um".

- Indagar ao aluno: "Quantos elementos faltam neste conjunto para completar dois elementos?".
- Reforçar a resposta correta emitida pelo aluno, ou seja, se ele falar "Um" e deixar que ele desenhe ou cole uma figura para efetuar a completação.
- Proceder, a seguir, o treino do quarto momento, a fim de finalizar a Tarefa 20.
- Colocar sobre a mesa papel idêntico à exemplificação do primeiro momento.
- Indagar ao aluno: "Quantos elementos faltam neste conjunto para completar dois elementos?".
- Reforçar a resposta correta emitida pelo aluno, ou seja, se ele falar "Um".

Fazer treinamentos semelhantes a este, apenas com outros desenhos ou figuras coladas com a finalidade de observar se houve a generalização por parte do aluno.

TAREFA 21: Efetuação da adição: um conjunto constituído de um objeto mais um conjunto constituído de um objeto.

- Colocar sobre a mesa um carrinho azul, posicionado mais para o lado esquerdo do aluno e, também, cartões (10 x 8 cm) confeccionados em cartolina branca, contendo os numerais 1 e 2 grafados em caneta hidrocor.
- Indagar ao aluno: "Quantos elementos você conta neste conjunto?" e, concomitantemente, apontar para o objeto sobre a mesa.
- Reforçar a resposta correta emitida pelo aluno.

- Solicitar ao aluno: "Pegue o cartão com o numeral 1 e coloque-o junto ao elemento.
- Reforçar a resposta correta emitida pelo aluno.
- Colocar outro carrinho azul sobre a mesa, um pouco afastado do primeiro carrinho, posicionado mais para o lado direito do aluno.
- Indagar ao aluno: "Quantos elementos você conta neste conjunto?" e, concomitantemente, apontar para o objeto (outro carrinho azul) recentemente colocado sobre a mesa.
- Reforçar a resposta correta emitida pelo aluno.
- Solicitar ao aluno: "Pegue o cartão com o numeral 1 e coloque-o junto ao elemento do conjunto".
- Reforçar a resposta correta emitida pelo aluno.
- Aproximar os carrinhos juntamente com os respectivos cartões e, concomitantemente, falar: "Um carrinho mais um carrinho é igual a dois carrinhos".
- Colocar o cartão com o símbolo da adição (sinal mais) entre os cartões com o numeral 1 e, em seguida, o cartão com o símbolo de igualdade.
- Solicitar ao aluno: "Pegue o cartão com o numeral 2 e coloque-o junto aos elementos do conjunto".
- Reforçar a resposta correta emitida pelo aluno.
- Retirar o cartão com o numeral 2.
- Afastar os carrinhos, colocando-os na posição inicial juntamente com os respectivos cartões com o numeral 1.
- Solicitar ao aluno que fale e, concomitantemente, apontar os cartões ("Um carrinho mais um carrinho").
- Reforçar a resposta correta emitida pelo aluno.

- Indagar ao aluno: "A quanto é igual um carrinho mais um carrinho?" e, concomitantemente, apontar para os carrinhos, aproximando-os juntamente com os respectivos cartões contendo o numeral 1 grafado, símbolos do sinal mais e igualdade.
- Reforçar a resposta correta emitida pelo aluno.
- Solicitar ao aluno: "Pegue o cartão com o numeral 2 e coloque-o junto aos elementos do conjunto".
- Reforçar a resposta correta emitida pelo aluno.
- Retirar os estímulos (objetos e cartões) do campo visual do aluno.
- Indagar ao aluno: "A quanto é igual um carrinho mais um carrinho?".
- Reforçar a resposta correta emitida pelo aluno.

Para realizar outros treinamentos desta Tarefa, substituir os objetos (carrinhos azuis) com o objetivo de garantir a generalização.

TAREFA 22: Efetuação da adição: o desenho ou confecção com figuras de um conjunto com um elemento mais um conjunto com um elemento

- Desenhar ou colar figuras no papel sulfite (14 x 22 cm) um conjunto constituído de um elemento posicionado mais para o lado esquerdo e outro conjunto, também, constituído de um elemento, posicionado mais ao centro do papel. Finalmente, traçar mais para o lado direito uma linha indicando o limite do conjunto sem elementos, conforme o modelo exemplificado a seguir:

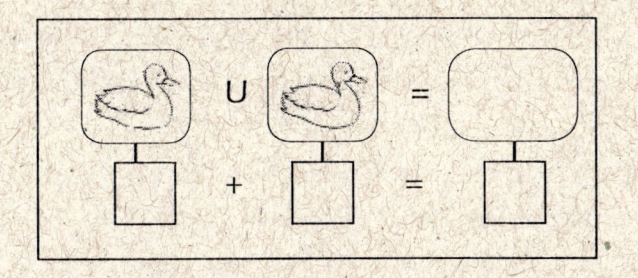

- Indagar ao aluno: "Quantos elementos você conta neste conjunto?" e, concomitantemente, apontar para o elemento.
- Reforçar a resposta correta emitida pelo aluno.
- Solicitar ao aluno: "Agora escreva aqui o numeral 1 e, concomitantemente, apontar para o local onde ele deverá grafar o numeral 1.
- Reforçar a resposta correta emitida pelo aluno.
- Indagar ao aluno: "Quantos elementos você conta neste conjunto?" e, concomitantemente, apontar para o elemento no outro conjunto.
- Reforçar a resposta correta emitida pelo aluno.
- Solicitar ao aluno: "Agora escreva aqui o numeral 1 e, ao mesmo tempo, apontar para o local adequado.
- Reforçar a resposta correta emitida pelo aluno.
- Traçar o símbolo de união e falar: "A união deste conjunto com este conjunto é igual a este outro conjunto" e, no mesmo momento, apontar para o traçado que indica o conjunto sem elementos.
- Solicitar ao aluno: "Agora desenhe (ou cole figuras) os elementos destes conjuntos para indicar a união" e apontar o local adequado para a execução do desenho.

- Reforçar a resposta correta emitida pelo aluno, isto é, qualquer traçado aproximado do desenho indicado nos conjuntos.
- Indagar ao aluno: "Quantos elementos você conta neste conjunto?".
- Reforçar a resposta correta emitida pelo aluno.
- Solicitar ao aluno: "Agora escreva aqui o numeral 2" e, concomitantemente, apontar para o local adequado.
- Reforçar a resposta correta emitida pelo aluno.
- Solicitar ao aluno que fale: "Um mais um é igual a dois" e, concomitantemente, apontar o local onde ele grafou cada numeral.
- Solicitar ao aluno que fale e, em seguida, aponte para o local, indicando o que ele deve falar.
- Indagar ao aluno: "A quanto é igual um mais um?" e, em seguida, ir apontando os símbolos.
- Repetir o passo anterior, porém, sem apontar os símbolos, isto é, ocultando-os do campo visual do aluno.
- Reforçar a resposta correta emitida pelo aluno.

Realizar outros treinamentos desta Tarefa substituindo os desenhos (ou figuras) com o objetivo de garantir a generalização.

TAREFA 23: Efetuação da subtração: dois objetos com a retirada de um objeto
- Colocar sobre a mesa dois objetos (lápis, por exemplo) e, também, cartões (10 x 8 cm) já mencionados anteriormente na Tarefa 21.

- Indagar ao aluno: "Quantos elementos você conta neste conjunto?" e, concomitantemente, apontar para os objetos sobre a mesa.
- Reforçar a resposta correta emitida pelo aluno.
- Solicitar ao aluno: "Pegue o cartão com o numeral **2** e coloque-o junto aos elementos", reforçando a resposta correta emitida pelo aluno.
- Indagar ao aluno: "A quanto é igual dois elementos menos um elemento?" e, concomitantemente, retirar um objeto, colocando o símbolo da subtração (sinal menos desenhado no cartão) e o cartão com o numeral **1**.
- Reforçar a resposta correta emitida pelo aluno.
- Solicitar ao aluno: "Pegue o cartão com o numeral **1** e coloque-o aqui," indicando o local adequado para a colocação do cartão, isto é, logo após o cartão contendo o símbolo de igualdade.
- Indagar ao aluno: "A quanto é igual dois elementos menos um elemento?" e, concomitantemente, ir apontando os respectivos cartões.
- Reforçar a resposta correta emitida pelo aluno.
- Retirar os estímulos (objetos e cartões) do campo visual do aluno.
- Indagar ao aluno: "A quanto é igual dois elementos menos um elemento?" reforçando a resposta correta emitida pelo aluno.

Realizar outros treinamentos desta tarefa substituindo os objetos com a finalidade de garantir a generalização, ou seja, diante de outros objetos e/ou situações, o aluno efetuará a operação correta.

TAREFA 24: Efetuação da subtração: o desenho ou confecção com figuras de um conjunto constituído de dois elementos com a retirada de um elemento

- Desenhar ou confeccionar com figuras no papel sulfite (tamanho 10 x 8 cm) um conjunto constituído de dois elementos conforme modelo exemplificado a seguir:

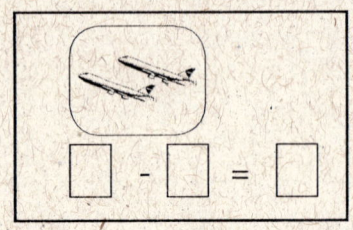

- Observar que se o conjunto for confeccionado com figuras será melhor porque estas poderão ser retiradas facilmente conforme exigência do procedimento.
- Indagar ao aluno: "Quantos elementos você conta neste conjunto?" e, concomitantemente, apontar para os elementos desenhados, reforçando a resposta correta emitida pelo aluno.
- Solicitar ao aluno: "Agora escreva aqui o numeral 2" e, concomitantemente, apontar para o local adequado onde o aluno deverá grafar o numeral **2**, reforçando a resposta correta emitida pelo aluno.
- Indagar ao aluno: "A quanto é igual dois elementos menos um elemento?" e, concomitantemente, colocar um pedaço de papel sobre o desenho de um dos elementos, escondendo-o ou, no caso da confecção com figuras, retirar uma.
- Reforçar a resposta correta emitida pelo aluno.

- Solicitar ao aluno: "Escreva aqui o numeral **1** e, aqui também", apontando para o local adequado.
- Indagar ao aluno: "A quanto é igual dois elementos menos um elemento?" apontando para os numerais grafados pelo aluno.
- Reforçar a resposta correta emitida pelo aluno.
- Indagar ao aluno: "A quanto é igual dois menos um?", reforçando a resposta correta emitida pelo aluno.

Repetir este procedimento substituindo os desenhos ou figuras para garantir que o aluno, diante de outras situações realize a operação corretamente.

TAREFA 25: Efetuação da adição: 1 + 1 no sentido horizontal
- Grafar no papel a adição de um mais um no sentido horizontal, conforme o modelo a seguir:

$$\boxed{1 \ + \ 1 \ = \ \Box}$$

- Indagar ao aluno: "A quanto é igual um mais um?" apontando para a representação gráfica no papel.
- Reforçar a resposta correta emitida pelo aluno.
- Solicitar ao aluno que fale e apontar a representação gráfica no papel ("Um mais um é igual a dois"), reforçando a resposta correta emitida pelo aluno.
- Indagar ao aluno: "A quanto é igual um mais um?" e, logo em seguida, dizer para o aluno: "Escreva aqui", reforçando a resposta correta emitida pelo mesmo.
- Retirar o papel (estímulo visual) da superfície da mesa, ou seja do campo visual do aluno e, em seguida, indagar: "A quanto é igual um mais um?".

- Reforçar a resposta correta emitida pelo aluno.
- Indagar ao aluno: "Um mais um é igual a quanto?", reforçando a resposta correta emitida pelo aluno.

Realizar este procedimento outras vezes com a finalidade de garantir que o aluno efetue a operação corretamente.

TAREFA 26: Efetuação da adição 1 + 1 no sentido vertical.

- Grafar no papel a adição de um mais um no sentido vertical conforme o exemplo a seguir:

$$\begin{array}{r} 1 \\ +\,1 \\ \hline \end{array}$$

Aplicar o mesmo procedimento da Tarefa 25.

TAREFA 27: Efetuação da subtração 2-1 no sentido horizontal

- Grafar no papel a subtração de dois menos um no sentido horizontal, conforme indicação a seguir:

$$2 \;+\; 1 \;=\; \square$$

- Indagar ao aluno: "A quanto é igual dois menos um?", apontando para a representação gráfica indicada no papel e reforçando a resposta adequada emitida pelo aluno.
- Solicitar ao aluno que fale e aponte a representação gráfica no papel ("Um menos um é igual a um"), reforçando a resposta correta emitida pelo mesmo.

- Indagar ao aluno: "A quanto é igual dois menos um?" e, logo em seguida, dizer para o aluno: "Escreva aqui".
- Reforçar a resposta correta emitida pelo aluno.
- Retirar o papel da superfície da mesa, ou seja, do campo visual do aluno, indagando do mesmo: "A quanto é igual dois menos um?"
- Reforçar a resposta correta emitida pelo aluno.
- Indagar ao aluno: "Dois menos um é igual a quanto?", reforçando a resposta correta emitida pelo mesmo.

Aplicar este procedimento outras vezes com o objetivo de garantir a generalização por parte do aluno.

TAREFA 28: Efetuação da situação 2-1 no sentido vertical
- Grafar no papel a subtração de dois menos um no sentido vertical de acordo com a exemplificação a seguir:

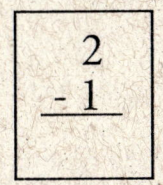

$$\begin{array}{r} 2 \\ -1 \\ \hline \end{array}$$

- Aplicar o mesmo procedimento da Tarefa 27.

TAREFA 29: Identificação da quantidade dois maior do que a quantidade um

A execução desta Tarefa compreende quatro momentos. O procedimento para o treino do primeiro momento é o seguinte:
- Colocar dois objetos (carrinhos vermelhos) sobre a mesa, no local correspondente ao lado esquerdo do aluno e a caixinha contendo os cartões (com os numerais e os símbolos grafados) anteriormente já descritos.

- Indagar ao aluno: "Quantos elementos você conta neste conjunto?" e, concomitantemente, apontar para os objetos, reforçando a resposta adequada emitida pelo aluno.
- Solicitar ao aluno: "Pegue o cartão contendo o numeral 2" e apontar para a caixa, reforçando a resposta correta emitida pelo aluno.
- Solicitar ao aluno: "Coloque o cartão contendo o numeral 2 próximo ao conjunto com dois elementos", reforçando a resposta adequada emitida pelo mesmo.
- Colocar um objeto (carrinho vermelho) sobre a mesa no local correspondente ao lado direito do aluno, indagando ao mesmo: "Quantos elementos você conta neste conjunto?"
- Reforçar a resposta correta emitida pelo aluno.
- Solicitar ao aluno: "Pegue o cartão contendo o numeral 1" e apontar para a caixa, reforçando a resposta correta emitida pelo mesmo.
- Colocar um objeto (carrinho vermelho) sobre a mesa no local correspondente ao lado direito do aluno, indagando ao mesmo: "Quantos elementos você conta neste conjunto?".
- Solicitar ao aluno: "Pegue o cartão contendo o numeral 1" e apontar para a caixa, reforçando a resposta correta emitida pelo mesmo.
- Solicitar ao aluno: "Coloque o cartão contendo o numeral 1 próximo ao conjunto com um elemento" e reforçar a resposta adequada.

- Pegar o cartão com o símbolo maior do que (>), desenhado, colocando-o entre os dois conjuntos (a quantidade de dois objetos é maior do que a quantidade de um objeto).
- Indagar ao aluno: "Qual é o conjunto que tem mais elementos?", reforçando a resposta correta emitida pelo mesmo.
- Indagar ao aluno: "Qual é o conjunto que tem menos elementos?" reforçando a resposta adequada.
- Mostrar que a abertura do símbolo maior do que (>) deve ficar voltada para o lado que tem o conjunto com mais elementos.
- Solicitar ao aluno que repita: "Dois é maior do que um" e, concomitantemente, pegar a mão preferida do aluno, apontando para os conjuntos (objetos), cartões (numerais e símbolo) expostos sobre a mesa (2 > 1).
- Reforçar a resposta correta emitida pelo aluno.
- Solicitar ao aluno que repita o procedimento, isto é, aponte e fale "Dois é maior do que um", reforçando a resposta correta emitida pelo aluno.
- Retirar os objetos e os cartões da superfície da mesa.
- Solicitar ao aluno: "Pegue dois carrinhos e coloque-os aqui", reforçando a resposta adequada.
- Solicitar ao aluno: "Pegue um carrinho e coloque-o aqui", reforçando a resposta correta.
- Solicitar ao aluno: "Pegue o cartão com o numeral 2 e coloque-o junto ao conjunto constituído de dois elementos", reforçando a resposta adequada.

- Solicitar ao aluno: "Pegue o cartão com o numeral 1 e coloque-o junto ao conjunto com um elemento", reforçando a resposta correta.
- Solicitar ao aluno: "Pegue o cartão com o símbolo maior do que (>) e coloque-o entre os conjuntos", reforçando a resposta adequada.
- Solicitar ao aluno: "Leia o que você vê aí" ("Dois é maior do que um"), reforçando a resposta correta.
- Retirar os objetos e os cartões da superfície da mesa.
- Solicitar ao aluno: "Pegue os carrinhos (objetos) e cartões". "Coloque-os sobre a mesa formando: dois é maior do que um".
- Reforçar a resposta correta emitida pelo aluno.

Repetir o procedimento desta tarefa utilizando outros objetos para garantir a generalização.

A seguir será descrito o procedimento para o treino do segundo momento:

- Colocar sobre a mesa o papel sulfite (22 x 14cm) de acordo com o exemplo a seguir:

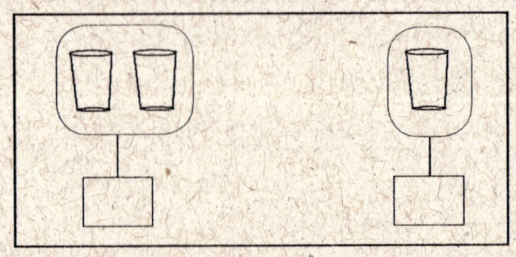

- Indagar ao aluno: "Quantos elementos você conta neste conjunto?" e, concomitantemente, apontar para o conjunto desenhado do lado esquerdo.

- Reforçar a resposta correta emitida pelo aluno.
- Solicitar ao aluno: "Escrever aqui o numeral **2**" e indicar o local adequado para grafar o numeral **2**, reforçando a resposta adequada emitida pelo mesmo.
- Indagar ao aluno: "Quantos elementos você conta neste conjunto?" e, concomitantemente, apontar para o conjunto desenhado do lado direito.
- Reforçar a resposta correta emitida pelo aluno.
- Solicitar ao aluno: "Escreva aqui o numeral **1**" e indicar o local adequado para grafar o numeral **1**, reforçando a resposta adequada.
- Indagar ao aluno: "Qual é o conjunto que tem mais elementos?" reforçando a resposta correta.
- Indagar ao aluno: "Qual é o conjunto que tem menos elementos?", reforçando a resposta adequada.
- Solicitar ao aluno: "Desenhe o símbolo maior do que" e, em seguida, apontar o local adequado reforçando a resposta correta.
- Solicitar ao aluno: "Leia o que você vê aí" e, concomitantemente, apontar, para os conjuntos, numerais e símbolos grafados no papel, reforçando a resposta adequada.

Realizar outras vezes o mesmo procedimento utilizando outros desenhos com o objetivo de garantir a generalização.

Passar para o treino do terceiro momento desta Tarefa 29.
- Colocar sobre a mesa um papel sulfite (22 x 14 cm) conforme o exemplo a seguir:

| 2 | 1 |

- Indagar ao aluno: "Quanto?" e, concomitantemente, apontar para o numeral **2**, reforçando a resposta adequada.
- Solicitar ao aluno: "Desenhe o símbolo maior do que" e, concomitantemente, apontar para o local adequado onde o aluno deve traçar o símbolo, reforçando a resposta correta.
- Solicitar ao aluno: "Leia o que você vê aí" e, simultaneamente, apontar para os numerais e símbolos grafados no papel, reforçando a resposta adequada.

Realizar o procedimento desta tarefa várias vezes para garantir a aquisição por parte do aluno.

Finalmente, será descrito o procedimento para o quarto e último momento desta Tarefa 29.

- Colocar sobre a mesa um papel limpo e solicitar ao aluno: "Escreva aqui dois é maior do que um", apontando para o local adequado.
- Reforçar a resposta adequada emitida pelo aluno.
- Solicitar ao aluno: "Leia o que você escreveu", reforçando a resposta correta emitida pelo mesmo.
- Retirar o papel da mesa e repetir o procedimento sob forma lúdica com o objetivo da generalização por parte do aluno.

Esta Tarefa 29 permite a aquisição, por parte do aluno, da ordem crescente.

TAREFA 30: Identificação da quantidade um menor do que a quantidade dois

Para o treinamento desta Tarefa, aplicar o mesmo procedimento da Tarefa 29 apenas, obviamente, colocando o conjunto com um elemento e o numeral **1** sempre do lado esquerdo.

Esta Tarefa 30 permite a aquisição da ordem decrescente.

Quanto à dica para que o aluno aplique o símbolo adequadamente o professor deve indicar que, no momento da concretização, a abertura ficará voltada para o conjunto que possui o maior número de elementos.

TAREFA 31: Resolução de problemas sobre adição de um elemento mais um elemento (síntese)

Esta tarefa compreende cinco fases. O procedimento para execução da primeira fase encontra-se descrito a seguir:
- Colocar uma caixa, contendo os cartões com numerais e símbolos grafados, sobre a mesa.
- Colocar, também, outra caixa, contendo objetos sobre a mesa.
- Falar para o aluno: "Eu pego um carrinho" e, concomitantemente, pegar um carrinho. "Pego mais um carrinho" e, igualmente, pegar um outro carrinho. E, em seguida, com os dois carrinhos na mão, perguntar: "Quantos carrinhos peguei ao todo?".
- O aluno deverá dar a resposta correta: "Dois carrinhos".
- Colocar os carrinhos na caixa.

- Falar para o aluno: "Pegue um carrinho". Esperar que o aluno execute a solicitação. Falar novamente: "Pegue mais um carrinho". Esperar a execução e, depois, indagar: "Quantos carrinhos você pegou ao todo?".
- O aluno deverá emitir a resposta correta: "Dois carrinhos".
- Repetir mais quatro vezes o mesmo procedimento.

Fazer outros exemplos desta fase, modificando o verbo como: "Eu tenho um lápis. Ganhei mais um lápis. Quantos lápis tenho ao todo?". "Eu ganhei um avião da titia. Ganhei mais um avião do papai. Quantos aviões ganhei ao todo?".

Aplicar o procedimento indicado para a segunda fase conforme descrição a seguir:

Colocar uma caixa com os cartões e a outra caixa com os objetos sobre a mesa.

- Falar para o aluno: "Eu pego um carrinho" e, concomitantemente, pegar um carrinho e o cartão com numeral 1. "Pego mais um carrinho" e, igualmente, pegar um outro carrinho mais outro cartão com o numeral 1. "Quantos carrinhos peguei ao todo?", e pegar na caixa os cartões com os símbolos da adição (+) e igualdade (=) e do numeral 2 e colocá-los nos locais adequados.
- O aluno deverá emitir a resposta correta: "Dois carrinhos".
- Colocar tudo na caixa.
- Falar para o aluno: "Pegue um carrinho e o numeral correspondente". Esperar que o aluno execute a soli-

citação. Falar novamente: "Pegue mais um carrinho e o numeral correspondente". Esperar a execução, e, em seguida, indagar: "Quantos carrinhos você pegou ao todo?", indicando a caixa para o aluno pegar o cartão com o numeral 2.
- Reforçar a resposta correta emitida pelo aluno.
- Solicitar ao aluno: "Agora ponha os cartões com os símbolos: mais (+) e igual (=)" e apontar para os locais adequados.
- Retirar os objetos, deixando os cartões com os numerais e os símbolos.
- Solicitar ao aluno: "Leia (1 + 1 = 2)".
- Repetir mais quatro vezes o mesmo procedimento.

Modificar o verbo para outros treinos desta fase, conforme exemplificação anteriormente realizada.

Aplicar o treino da terceira fase conforme o procedimento descrito a seguir:
- Colocar sobre a mesa um papel de acordo com o exemplo indicado a seguir:

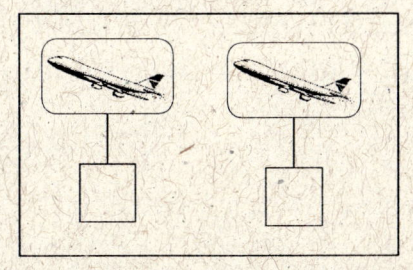

- Falar para o aluno: "Eu ganhei um avião" e, concomitantemente, apontar para o primeiro conjunto.
- Solicitar ao aluno: "Escreva o numeral aqui" e apontar para o local adequado.

- Falar para o aluno: "Ganhei mais um avião" e, concomitantemente, apontar para o segundo conjunto.
- Solicitar ao aluno: "Escreva o símbolo mais (+) aqui e o numeral aqui", e apontar para os locais.
- Perguntar ao aluno: "Quantos aviões ganhei ao todo?" e apontar o local adequado para o aluno grafar o símbolo de igualdade e o numeral 2.
- Reforçar a resposta correta emitida pelo aluno.
- Retirar o papel da mesa.
- Colocar outro papel sobre a mesa.
- Repetir o procedimento mais quatro vezes.
- Proceder no treino da quarta fase conforme descrição a seguir:
- Colocar um papel sobre a mesa com o enunciado do problema devidamente grafado.
- Ler para o aluno o enunciado do problema apontando cada palavra pronunciada: "O menino ganhou um lápis do titio. Ganhou mais um lápis do papai. Quantos lápis o menino ganhou ao todo?".
- Solicitar ao aluno: "Escreva o numeral correspondente à quantidade de lápis que o menino ganhou do titio" e apontar o local.
- Solicitar ao aluno: "Escreva o símbolo e o numeral correspondente a – ganhou mais um lápis do papai" e apontar o local adequado para a grafia.
- Indagar ao aluno: "Quantos lápis o menino ganhou ao todo?" e, concomitantemente, indicar o local para o aluno grafar a resposta e o símbolo de igualdade.
- Retirar o papel da mesa.

- Repetir o procedimento mais quatro vezes.
- Passar para a quinta e última fase aplicando o procedimento descrito a seguir:
- Colocar o papel sobre a mesa.
- Solicitar ao aluno que fale o que está acontecendo.
- Colocar um lápis na mão do aluno e esperar que ele fale: "Ganhei um lápis".
- Falar para o aluno: "Vou escrever aqui o que você falou – Eu ganhei um lápis da titia" e, concomitantemente, grafar no papel: "Eu ganhei um lápis da titia".
- Ler o que grafou no papel.
- Colocar mais um lápis na mão do aluno e esperar que ele fale: "Ganhei outro lápis" ou expressão semelhante.
- Falar para o aluno: "Vou escrever aqui o que você falou – Ganhei mais um lápis da titia" e, igualmente, grafar no papel: "Ganhei mais um lápis da titia".
- Indagar ao aluno: "Que pergunta você faz agora?" e esperar que o aluno fale: "Quantos lápis ganhei ao todo?" ou expressão semelhante.
- Falar para o aluno: "Vou escrever aqui o que você falou – Quantos lápis ganhei ao todo?" e, concomitantemente, grafar no papel "Quantos lápis ganhei ao todo?".
- Ler o enunciado do problema solicitando ao aluno que acompanhe a leitura (leitura funcional) e apontar, simultaneamente, para cada palavra lida.
- Solicitar ao aluno: "Agora faça a continha aqui" e apontar o local adequado.
- Repetir mais quatro vezes este procedimento.

TAREFA 32: Resolução de problemas sobre a subtração de um elemento em relação a dois elementos (análise)

Aplicar no treinamento desta Tarefa o procedimento semelhante ao da Tarefa 31, apenas fazendo a inversão, ou seja, utilizando a operação da subtração.

As tarefas complementares indicadas para o Treinamento do Número/numeral 2, após sua execução, tem a finalidade de ensinar a leitura, escrita e contagem da quantidade dois.

ENSINO DO NÚMERO/NUMERAL 3
Procedimento para o ensino da grafia

Executar o mesmo procedimento utilizado para o ensino da grafia do numeral 1, nos três planos: vertical, inclinado e horizontal e aplicar as tarefas a seguir indicadas:

Procedimento para o ensino da contagem
TAREFAS COMPLEMENTARES

TAREFA 1: Identificação da quantidade três.

TAREFA 2: Identificação do numeral 3.

TAREFA 3: Ligação do numeral 3 com o correspondente, através de um traço.

TAREFA 4: Ligação dos numerais 1, 2 e 3 da coluna da esquerda, através de um traço, com o correspondente na coluna da direita.

TAREFA 5: Identificação de um conjunto constituído de três elementos (objetos) com o numeral 3.

TAREFA 6: Identificação de três conjuntos: Um constituído de um elemento, outro de dois elementos e o outro de três elementos.

TAREFA 7: Ligação do desenho de um conjunto constituído de três elementos com o numeral 3, através de um traço.

TAREFA 8: Ligação dos desenhos de conjuntos constituídos, respectivamente, de um, dois e três elementos com os numerais correspondentes 1, 2 e 3, através de um traço.

TAREFA 9: Ligação do numeral 3 com o desenho constituído de três elementos através de um traço.

TAREFA 10: Ligação dos numerais 1, 2 e 3 com os desenhos de conjuntos constituídos de um, dois e três elementos, respectivamente, através de um traço.

TAREFA 11: Grafia do numeral 3 copiando do modelo.

TAREFA 12: Grafia dos numerais 1, 2 e 3 copiando do modelo.

TAREFA 13: Grafia do numeral 3 após ouvir o som da palavra três.

TAREFA 14: Grafia dos numerais 1, 2 e 3 após ouvir os sons das respectivas palavras um, dois e três.

Observação: O professor deverá alternar a sequência para evitar o condicionamento.

TAREFA 15: Grafia do numeral 3 ao lado do desenho ou figura de um conjunto constituído de três elementos.

TAREFA 16: Grafia dos numerais 1, 2 e 3 ao lado dos desenhos de um conjunto constituído de um elemento, de outro constituído de dois elementos e outro de três elementos.

TAREFA 17: Desenho ou confecção com figuras de um conjunto constituído de três elementos ao lado da grafia do numeral **3**.

TAREFA 18: Desenho ou confecção com figuras de três conjuntos constituídos de um, dois e três elementos, respectivamente, ao lado da grafia dos numerais **1**, **2** e **3**.

TAREFA 19: Completação da quantidade três em um conjunto constituído de um elemento (objeto).

TAREFA 20: Completação da quantidade três em um conjunto constituído de dois elementos (objetos).

TAREFA 21: Completação da quantidade três no desenho de um conjunto constituído de um elemento.

TAREFA 22: Completação da quantidade três no desenho de um conjunto constituído de dois elementos.

TAREFA 23: Efetuação da adição: um conjunto constituído de um objeto mais um conjunto constituído de dois objetos.

TAREFA 24: Efetuação da adição: um conjunto constituído de dois objetos mais um conjunto constituído de um objeto.

TAREFA 25: Efetuação da adição: um conjunto constituído de um objeto mais um conjunto constituído de um objeto mais um conjunto constituído de um objeto.

TAREFA 26: Efetuação da adição: o desenho ou confecção com figuras de um conjunto constituído de um elemento mais um conjunto constituído de dois elementos.

TAREFA 27: Efetuação da adição: o desenho ou confecção com figuras de um conjunto constituído de dois elementos mais um constituído de um elemento.

TAREFA 28: Efetuação da adição: o desenho ou confecção com figuras de um conjunto constituído de um elemento mais um conjunto constituído de um elemento mais um conjunto constituído de um elemento.

TAREFA 29: Efetuação da subtração: um conjunto constituído de três objetos com a retirada de um objeto.

TAREFA 30: Efetuação da subtração: um conjunto constituído de três objetos com a retirada de dois objetos.

TAREFA 31: Efetuação da subtração: o desenho ou confecção com figuras de um conjunto constituído de três elementos com a retirada de um elemento.

TAREFA 32: Efetuação da subtração: o desenho ou confecção com figuras de um conjunto constituído de três elementos com a retirada de dois elementos.

TAREFA 33: Efetuação da adição: 1 + 2 no sentido horizontal.

TAREFA 34: Efetuação da adição: 1 + 2 no sentido vertical.

TAREFA 35: Efetuação da adição: 2 + 1 no sentido horizontal.

TAREFA 36: Efetuação da adição: 2 + 1 no sentido vertical.

TAREFA 37: Efetuação da adição: 1 + 1 + 1 no sentido horizontal.

TAREFA 38: Efetuação da adição: 1 + 1 + 1 no sentido vertical.

TAREFA 39: Efetuação da subtração: 3 − 1 no sentido horizontal.

TAREFA 40: Efetuação da subtração: 3 – 1 no sentido vertical.

TAREFA 41: Efetuação da subtração: 3 – 2 no sentido horizontal.

TAREFA 42: Efetuação da subtração: 3– 2 no sentido vertical.

TAREFA 43: Identificação da quantidade três maior do que a quantidade dois.

TAREFA 44: Identificação da quantidade dois menor do que a quantidade três.

TAREFA 45: Identificação da quantidade três maior do que a quantidade dois e a quantidade dois maior que a quantidade um.

TAREFA 46: Identificação da quantidade um menor do que a quantidade dois e a quantidade dois menor que a quantidade três.

TAREFA 47: Resolução de um problema sobre adição de um elemento mais dois elementos.

TAREFA 48: Resolução de um problema sobre adição de dois elementos mais um elemento.

TAREFA 49: Resolução de um problema sobre subtração de um elemento em relação a três.

TAREFA 50: Resolução de problema sobre subtração de dois elementos em relação a três.

Com a aplicação destas tarefas foi ensinada ao aluno a leitura, escrita e contagem da quantidade três.

Sugere-se ao professor para prosseguir na aplicação deste procedimento até a leitura, escrita e contagem da quantidade nove, observando que o número de tarefas vai aumentando. Isto pode ser constatado na quantidade de tarefas aplicadas para o Número/numeral **1**: 10 tarefas; para o Número/numeral **2**: 32 tarefas; e, para o Número/numeral **3**: 50 tarefas.

As sugestões para a confecção dos numerais encontram-se indicadas nos anexos.

BIBLIOGRAFIA

Ausubel, D.P.; Novak, J.D. e Hanesian, H. *Psicologia Elucacional* Rio de Janeiro, Interamericana, 1980.

Bandet, J.; Mialaret, G. e Brandicourt, R. *Les Débuts du Calcul.* Paris, Librairie Armand Colin, 1965.

Bandet, J.; Sarazanas, R. e Abbadie, M. *Vers l'Aprentissage des Mathématiques.* Paris, Librairie Armand Colin, 1967.

Botomé, S.P. *Objetivos Comportamentais no Ensino: a Contribuição da Análise Experimental do Comportamento.* Tese de Doutorado. Universidade de São Paulo, 1980.

Boyer, C.B. *História da Matemática.* São Paulo, Edgard Bleucher, 1974.

Brock, J.F.; Deloug, J. e McMichael, J.S. - PSI job-task analysis, effective navy training. *Educational Technology,* 1975, XV (4): 28-31.

Bruner, J.S. *Uma Nova Teoria da Aprendizagem.* Rio de Janeiro, Bloch, 1969.

Bruner, J.S. *O Processo da Educação.* São Paulo, Nacional, 1973.

Costa, M.da P.R. *Um Programa para Alfabetiozação de Deficientes Mentais: Primeiros Resultados.* Dissertação de Mestrado. Universidade Federal de São Carlos, 1984.

Costa, M.da P.R. *Alfabetização de Deficientes Auditivos: um Programa de Ensino.* Tese de Doutorado. Universidade de São Paulo, 1992.

Costa, M.da P.R. *O Deficiente Auditivo: Aquisição da Linguagem, Orientações para o Ensino da Comunicação e um Procedimento para o Ensino da Leitura e Escrita.* São Carlos, EDUFSCar, 1994.

Costa, Mda P.R. Fundamentos matemáticos e cognitivos para o ensino de matemática para alunos deficientes mentais. *Temas em psicologia.* 1995, 1, 69-82.

Cohn, R. Developmental dyscalculia. *Pediatric Clinics of North America.* 15(3), 651-668, 1968.

Cohn, R. Dyscalculia. *Archives of Neurology,* 4, 301-307, 1961.

Daurat-Hmeljak, C. e Marlan, R. Rééducation du calcul. *La Psychiatrie de l'Enfant.* s.l. 10, 399-555, 1967.

Decroly, O. *Prtoblemas de Psicologia y de Pedagogia.* Madri, Francisco Beltrán Libreria Española y Extranjera.

Dienes, Z.P. *Matemática Moderna no Ensino Primário.* Lisboa, Livros Horizonte Ltda., 1977.

Dienes, Z.P. *Aprendizado Moderno da Matemática.* Rio de Janeiro, Zahar, 1970.

Feldman, J. *Aritmética para Crianças com Problemas de Linguagem.* Rio de Janeiro, Enelivros, 1982.

Flournoy, F. *Las Matemáticas em la Escuela Primária.* Buenos Aires, Troquel S.A., 1968.

Gagné, R.M. *Como se Realiza a Aprendizagem.* Rio de Janeiro, Livro Técnico, 1971.

Gagné, R.M. *Princípios Essenciais da Aprendizagem para o Ensino.* Porto Alegre, Globo, 1980

Galindo, E.; Bernal, T.; Hinojosa, G.; Galguera, M.I.; Taracena, E. e Padilla, F. *Miodificación Especial m- Diagnóstico y Programas.* México, Editorial Trillas, 1986.

Gerstmann, J. Syndrome on finger agnosia, disorientation for right and left, agraphia and acalculia. *Articles of neurology an Psychiatry,* Monography, 1940.

Gomide, M.V. *Explorando a Matemática na Escola Primária.* Rio de Janeiro, José Olympio, 1971.

Guay, R.B. e McDaniel, E.D. The relationship between mathematics achievement and spatial abilities among elementary school children. *Journal for research in Mathematics Education,* 211-215, 1977

Iida, I.; Santoro, M.C.; Sevá, A.D.; Fonseca, R.S. e Saliby, E. Aplicação do Método de Ensino Individualizado em Engenharia. *Ciência e Cultura*, 1974, 26 (2) 6-23.

Keller, F.S.; Bori, C.M. e Azzui, R. Um Curso Moderno de Psicologia. *Ciência e Cultura*. 1964, 16 (4).

Keller, F.S. A Reformulação da Psicologia Moderna. *Ciência e Cultura*, 1962, 14: 11-20

Keller, F.S. Adeus Mestre! *Ciência e Cultura*, I 1972, 24: 207-217.

Keller, F.S. Recentes Desenvolvimentos no Ensino de Ciências. *Ciência e Cultura*, 1973, 25: 3-10

Keller, F.S. *Pedagogue's Progress* Lawrence, Kansas, TRI Publications, 1982.

Leite, S.A. da S. *O Projeto de Alfabetização de Mogi das Cruzes: uma Proposta para a Rede de Ensino Público*. Tese de Doutorado. Universidade de São Paulo, 1980.

Marques, A.P. *Um Delineamento de Linha de Base Múltipla para Investigar Efeitos de Procedimentos de Ensino Sobre Diferentes Comportamentos Envolvidos em Avaliação Goniométrica*. Dissertação de Mestrado. Universidade Federasl de São Carlos, 1990.

Metton-Granier, M. La aquisición de la noción de número em el niño deficiente mental. Em *Transtornos del Aprendizaje del Cálculo*. Barcelona, 1972.

Miron, E.M. *Avaliação de um Programa de Iniciação ao Voleibol, Aplicado em um Grupo de Deficientes Auditivos*. Dissertação de Mestrado. Universidade Federal de São Carlos, 1995.

Montessori, M. *Pedagogia Científica: a Descoberta da Criança*. Rio de Janeiro, Flamboyant, 1965.

Moreira, M.A. Observações e Comentários sobre Dois Sistemas de Ensino Individualizado. *Revista Brasileira de Física*. 1973 3(1): 157-171.

Nale, N. *Análise e Avaliação de um Curso Programado Individualizado de Biologia*. Tese de Doutorado. São Paulo, Faculdade de Filosofia, Ciências e Letras de Assis, 1973.

Piaget, J. *A Linguagem e o Pensamento da Criança*. Rio de Janeiro, Fundo de Cultura, 1959.

Piaget, J. *L'Enseignement des Mathématiques*, Paris, Editions Delachaux & Niestlé, 1961.

Piaget, J. *Epistemologia Genética*. Rio de Janeiro, Vozes, 1973.

Piaget, J. *A Construção do Real na Criança*. Rio de Janeiro, Zahar, 1975.

Piaget, J. *A Equilibração das Estruturas Cognitivas*. Rio de Janeiro, Zahar, 1976.

Piaget, J. *A Psicologia da Inteligência*. Rio de Janeiro, Zahar, 1977.

Piaget, J. e Szeminska, A. *La Gènese du Nombre chez l'Enfant*. Paris, Delachaux et Niestlé, 1950.

Piaget, J. e Inhelder, B. *La Représentation de l'Éspace chez l'Enfant*. Paris, Press Universitaires de France, 1962.

Piaget, J. e Inhelder, B. *O Desenvolvimento das Quantidades Físicas na Criança*. Rio de Janeiro, Zahar, 1975.

Pinheiro, P.A.F. *Análise de um Programa de Ensino para a Alfabetização de Deficiente Auditivo Adulto*. Dissertação de Mestrado. Universidade Federal de São Carlos, 1994.

Pereira, W.A. Novos rumos da matemática. Recife, *Jornal do Commércio*. 22 de dezembro de 1957.

Pereira, W.A. *Matemática Dinâmica com Números em Cores*. Recife, Publicação Particular, 1961.

Rebellato, J.R. *O Objetivo de Trabalho em Fisioterapia e Perspectivas de Atuação e de Ensino nesse Campo de Trabalho*. Dissertação de Mestrado, Universidade Federal de São Carlos, 1986.

Rogers, C.R. *Liberdade para Aprender*. Belo Horizonte, Interlivros, 1971.

Rogers, C.R. *Tornar-se Pessoa*. São Paulo, Martins Fontes, 1978.

Séguin, E. *Traitment Moral, Hygiéne et Education des Idiots des Autres Enfants Arriérés*. Paris, Librairie de L'Academie Royale de Médicine, 1846.

Skinner, B.F. *Tecnologia de Ensino* São Paulo, Herder/EPU/EDUSP, São Paulo, 1972.

Skinner, B.F. *O Mito da Liberdade*. Rio de Janeiro, Bloch, 1973.

Skinner, B.F. *Ciência e Comportamento*. São Paulo, EDART--EDUSP, 1974.

Spitzer, H.F. *Enseñanza de la Aritmetica*. Buenos Aires, Libreria del Colegio, 1970.

Teixeira, A.M.S. *A Individualização do Ensino em uma Pré-Escola: Relato de uma Experiência*. 2V. Tese de Doutorado. Universidade de São Paulo, 1983.

Teixeira, A.M.S. *Aquisição da Escrita e da Leitura: uma Análise Comportamental*. 2v. Tese para Concurso de Professor Titular. Universidade Federal de Minas Gerais. 1991.

ANEXOS

ANEXOS

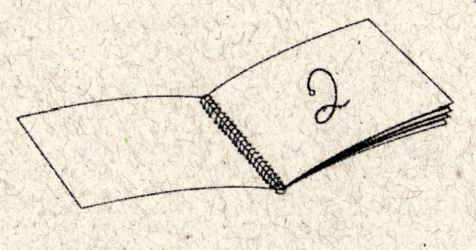

139

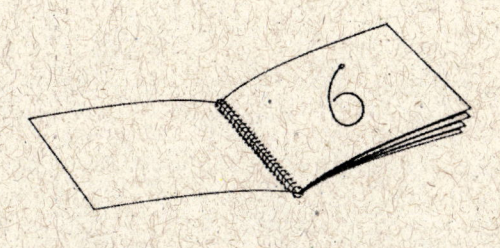

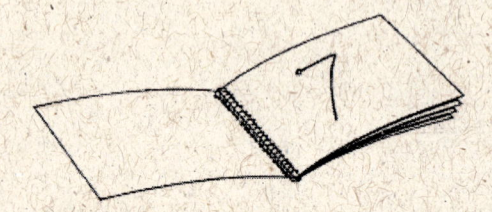

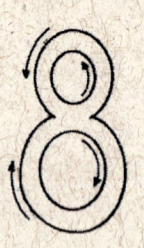

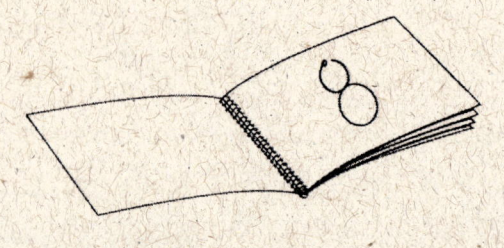

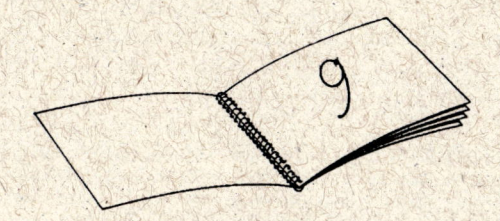

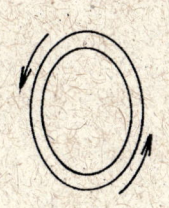

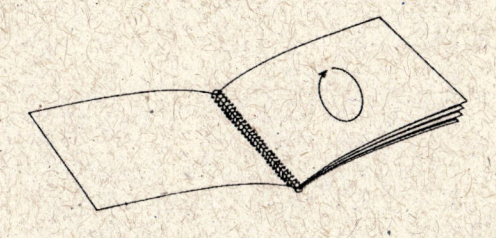

LEIA TAMBÉM:

ALFABETIZAÇÃO PARA O ALUNO COM DEFICIÊNCIA INTELECTUAL
184 p.   14 x 21 cm   ISBN 978-85-290-0814-1

A presente obra é fruto da longa experiência da autora no ensino com alunos que apresentam deficiência intelectual, ou déficit cognitivo. É uma opção para o ensino da leitura e escrita, que seja adequada à realidade desses alunos, tendo como base partir do nível em que o aluno se encontra para realizar a aprendizagem e, assim, construir, passo a passo, suas novas aquisições. O grande mérito da Autora é mostrar que o ensino da linguagem escrita, especialmente para esse tipo de aluno, não pode ser um fim em si mesmo, só para que ele tenha acesso ao conhecimento, mas primordialmente um meio para possibilitar modificações mais amplas no seu repertório comportamental, contribuindo para que ele melhore a sua autoestima, de modo geral baixa, em decorrência do modo preconceituoso como tais alunos costumam ser tratados pelo comum das pessoas. O Programa proposto na presente obra, além de ampliar o vocabulário do aluno com deficiência intelectual e sua linguagem, lida também com a competência linguística e fonética, favorecendo a fala e a sua melhor articulação. Por tais significativas contribuições, trata-se de obra importante para todo professor, psicopedagogo, psicólogo e demais profissionais que lidam com alunos com deficiência intelectual.